艺术设计
ART DESIGN

高等院校艺术学门类『十三五』规划教材

印刷材料与工艺

汪兰川 刘春雷◎编著

华中科技大学出版社
http://www.hustp.com
中国·武汉

U0362785

汪兰川，沈阳建筑大学设计艺术学院教师，讲师，辽宁省美术家协会会员，辽宁省动漫艺委会委员。近年来，先后编著出版《动画概论》《FlashCS3 从基础到应用》《动漫美术欣赏教程》《After Effects 应用教程》《Flash MV 制作》《包装色彩设计》《包装图形设计》等专著与教材多部。在核心刊物发表多篇论文。漫画作品《中国式教育》入选第十一届全国美术作品展览；招贴设计作品获得首届、第二届辽宁省艺术设计作品展优秀奖；动画短片《寻城记》获得第二届辽宁省艺术设计作品展优秀奖、第一届辽宁省动漫作品展铜奖。

刘春雷，沈阳航空航天大学设计艺术学院视觉传达系主任，副教授，硕士研究生导师，辽宁省美术家协会会员，中国包装联合会文化艺术委员会委员，中国宇航协会会员，辽宁省包装联合会主任委员，沈阳市青年美术家协会理事。近年来，编著出版《包装材料与结构设计》《包装设计印刷》《包装文字与编排设计》《构成艺术》《广告构图精粹》《现代动漫教程》等著作与教材二十余部。绘画、设计作品连续入选第十届、第十一届全国美术作品展览，获得国家级、省级展览及其他各类奖项数十项。在学术期刊公开发表学术论文数十篇。

图书在版编目（CIP）数据

印刷材料与工艺 / 汪兰川，刘春雷编著. — 武汉：华中科技大学出版社，2017.1 （2022.1 重印）
ISBN 978-7-5680-1948-4

Ⅰ.①印⋯ Ⅱ.①汪⋯ ②刘⋯ Ⅲ.①印刷材料 ②印刷–生产工艺 Ⅳ.①TS80

中国版本图书馆 CIP 数据核字(2016)第 138530 号

印刷材料与工艺
Yinshua Cailiao yu Gongyi

汪兰川　刘春雷　编著

策划编辑：张　毅
责任编辑：赵巧玲
责任校对：何　欢
封面设计：孢　子
责任监印：朱　玢
出版发行：华中科技大学出版社（中国·武汉）　　电话：(027) 81321913
　　　　　武汉市东湖新技术开发区华工科技园　　邮编：430223
录　　排：武汉正风天下文化发展有限公司
印　　刷：武汉科源印刷设计有限公司
开　　本：880 mm×1 230 mm　1/16
印　　张：9
字　　数：264 千字
版　　次：2022年1月第1版第3次印刷
定　　价：48.00 元

前言

印刷术是中国古代最具有代表性的造物活动之一。在漫长的时间维度与广袤的地域空间维度中，世代智者贤人、能工巧匠创造了不计其数的印刷品，为中国文化的传承与传播做出了巨大贡献，也推动了世界文明发展的进程，因此印刷术被誉为"人类文明之母"。在中国，印刷术、火药、造纸术、指南针并称为我国古代四大发明，对中国及世界的文明和进步起到了重大的推动作用。

1448 年左右，德国人古登堡发明了金属活字印刷术，他的活字印刷术包括铅锡合金制造字模、油墨、印刷机三项发明。这一发明可以说是世界文化史上的最重要的发明之一。它标志着人类掌握了文字信息的大批量复制技术，使知识、思想、宗教、文化有了传播的载体，为更多的人提供了受教育的条件，更使各种典籍得以广泛传播并流传至今，对欧洲文化的进步起到了巨大的推动作用。

现代"印刷"一般特指机器印刷，是将文字、图画、照片等原稿经制版、施墨、加压等工序，使油墨转移到纸张、织品、皮革等材料的表面上，批量复制原稿内容的技术。

本书在编写的过程中力求体现严谨的科学性和鲜明的时代特色，书中资料翔实准确，所选图例都是来自国内外印刷领域最新的成果，可读性与参考性较强。希望本书能够帮助各高校艺术设计类专业学生全面掌握和了解印刷材料与工艺的规律和方法。此外，也希望本书能够为设计领域从事研究、教学、设计实践的人员提供相关理论参考。

本书由汪兰川、刘春雷编著。在本书的编写过程中，参阅了国内外的同类书籍和资料，在此向有关作者表示衷心感谢！由于编者水平有限，书中错误、疏漏之处在所难免，敬请广大师生和读者批评指正。

汪兰川　刘春雷

2016 年 12 月

目录

第一章

印刷的起源与发展

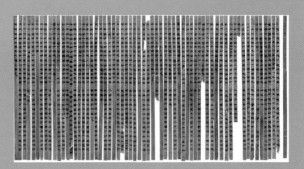

　　印刷品是中国传统文化的重要物质载体，为中国文化的传承与传播做出了巨大的贡献，也推动了世界文明发展的进程，是具有深厚文化内涵的文化产品。印刷品内容主要分为印刷图形和印刷文字两类。图形的出现远远早于文字，因此，印刷图形的产生远远早于印刷文字。印刷图形的应用领域也远远大于印刷文字。在上层文化范畴中，印刷品的主要表现形式是儒家经史子集和《佛经》《道藏》《古兰经》等书籍，其中文字内容多于图形内容。在中层文化、下层文化范畴中，普通民众普遍低下的识字率，决定了民间文化信息传播主要借助直观、形象的图形语言。在民间印刷品的内容中，印刷图形数量、种类、题材所占比例大大超过印刷文字。在中国民间，印刷图形的生产制作与使用无处不在、无所不及，中国民间印刷图形是民间美术的重要类别，其各种印刷形式表现的语言内涵极其丰富。

　　中国民间印刷图形的技术生产方式灵活多变，有雕版印刷、活字印刷、捺印、拓印、漏印等，也有两种以上技法的结合。印刷和手绘的结合从制版到印刷的过程，无不体现着中国传统"天时、地利、材美、工巧"的造物美学。从制版到印刷的过程，也是实形与虚形、正形与负形的阴阳转换过程，民间印刷图形实现了虚实、正负的对比与协调，达到阴阳和合的审美境界。

　　本章就中国和欧洲印刷术的产生及发展进行详尽的讲解，中国与欧洲在传统印刷技术方面的区别是本章学习的重点。

第一节
中国传统印刷术的起源与发展

　　印刷术发明之前，文化的传播主要靠手抄的书籍。手抄费时、费事，又容易抄错、抄漏，既阻碍了文化的发展，又给文化的传播带来了不应有的损失。印章和石刻给印刷术提供了直接的经验性的启示，用纸在石碑上墨拓的方法，直接为雕版印刷指明了方向。中国的印刷术经过雕版印刷和活字印刷两个阶段的发展，给人类的发展献上了一份厚礼。印刷术的特点是方便灵活、省时、省力，是中国传统印刷术的重大突破。石碑拓印如图1-1所示。

图1-1　石碑拓印

一、中国传统印刷术的起源时期

《说文解字》中对"印"的解释为：执政所持信也。凡印之属皆从印。《辞海》中，"印"意为图章、痕迹，特指把文字或图画等留在纸上或器物上。印刷就字面意义而言，"着有痕迹谓之印，涂擦谓之刷"。用刷涂擦而使痕迹着于其他物体上，谓之印刷。印刷术的过程，是先雕刻制作具有图形文字的印版，再将印版上的图形文字转移于纸张、织物等承印物上，即成印刷品。

早在新石器时期，中国早期先民就开始运用转印复制图形的技术：使用有凹凸图形的陶拍、石拍等，在陶器、树皮、布上拍印花纹，使用模具模塑陶器。商周时期，印章开始使用，汉代出现以图形为内容的"肖形印"，魏晋时期，道教使用印面较大的符印，由于这些处于萌芽状态的印刷术长期积累，以及秦汉以来的青铜器模铸、砖瓦模塑、织物捺印、漏印、碑石拓印等转印复制技术的推动，到了唐代，单色雕版印刷术已经成熟。唐代中晚期，印刷品成为中国古代文化信息记录、传播的主要载体。

（一）中国传统印刷术发明的基础

1. 纸

中国古代用以书写和记录的材料很多，竹片和木板是中国早期的书写材料。用竹片书写的叫"竹简"，用木板做载体进行书写的叫"版牍"。竹简和版牍作为书写材料，取材方便，但材质较差，不利于运输和携带，而且竹简的次序一旦打乱，整理起来相当费力。后来又以丝帛为材料，这样书写起来字迹清晰、流畅，且可以随意折叠或卷束，携带、收藏都比较方便。用丝帛书写大大优于竹、木，但价格昂贵，不能普遍使用。总之，竹、木、丝帛均不是理想的书写材料。竹简如图 1-2 所示，敦煌汉简——西汉马圈湾木牍如图 1-3 所示。

公元 105 年，蔡伦在总结前人造纸经验的基础上，用树皮、麻头、破布、旧渔网等植物纤维做原料制成了"蔡侯纸"。这种纸轻便、柔软、韧性良好，携带方便，制造容易，书写流畅，价格便宜，很快得到普及。蔡伦像如图 1-4 所示，汉代造纸工艺流程如图 1-5 所示。

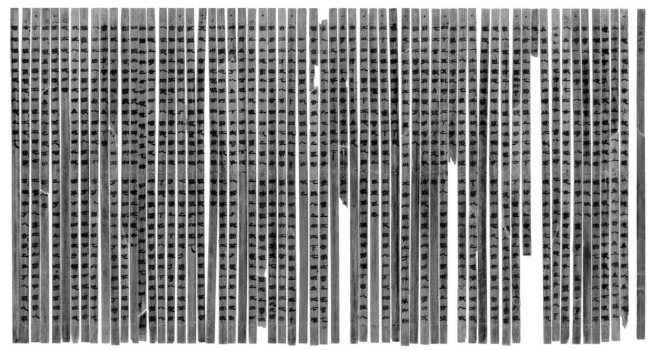

图 1-2　竹简

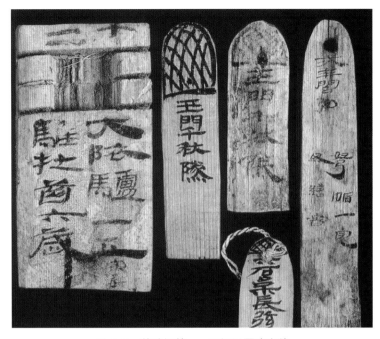

图1-3　敦煌汉简——西汉马圈湾木牍　　　　　　　　　图1-4　蔡伦像

图1-5　汉代造纸工艺流程

2. 笔

笔是最基本的书写、绘画工具。在以刀、竹为笔的基础上发明的毛笔，是使用时间最长的一种笔。1954年，长沙郊外左家公山 15 号战国楚墓出土的战国时代毛笔，杆长 18.5 cm，毫长 2.5 cm，笔毫为上好的兔箭毫。做法是将毫围在杆的一端，用细丝线缠住，外加髹漆。毛笔的发明和应用，为人们提供了简便的书写工具。长沙左家公山战国笔如图 1-6 所示。

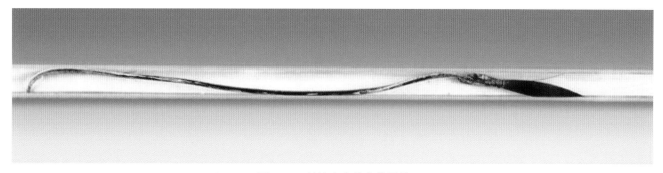

图 1-6   长沙左家公山战国笔

3. 墨

墨也是一种重要的书写、绘画用品。用毛笔书写时，一定要配以适量的液体染料，因此常见"笔墨"二字连用，以表示书写的工具。中国人最初制墨的日期已不可考，传说是汉代大书法家韦诞所发明的。青松可能是制烟墨最常用的材料，松烟直至目前仍是制黑墨的最佳材料。曹植在《长歌行》中说"墨为青松之烟"，可见公元 2 世纪前青松木已被用作制墨的材料了。墨易溶且不涸，色浓而不脱，这种独特的性能使墨得以长期广泛地用于书写和绘画中。

笔、墨、纸、砚统称为文房四宝，是记录文字的工具，它们的广泛使用，对我国文化的发展产生了深远的影响，同时为印刷术的发明奠定了必要的物质基础。

（二）早期的印刷形式

笔、纸、墨的相继发明，使抄书业大为兴盛，然而手抄书的缺点是显而易见的。手抄速度慢，难免有错，尤其是复制图画，手抄的方法很难奏效。于是逐渐出现了一些复制文字和图画的其他方法，其中最重要的当属盖印和拓石。

1. 盖印

早在笔、纸、墨发明之前，作为信凭之用的印章就出现了。印章俗称"戳子"，现称"图章"。起初印章面积很小，只能容纳几个字，只刻某人的姓名或官衔。其历史可追溯到我国殷代的商玺印章。印章的用料有金属、玉石、陶泥、象牙和兽角等。到了公元 4 世纪，出现了面积较大、刻字较多的印章。据东晋葛洪所著的《抱朴子》一书记载，已有容纳 120 字的大印章，大约是一篇短文的复制品了。

古代印章最初的用途是盖印。在纸张发明之前，印章多是凹入的反写阴文，盖在信函的封泥上成为凸起的正写阳文，起标记的作用；纸张发明以后，流行的是凸起的反写阳文的印章，印在纸上得到的是白底黑字的正写文字。所以，印章的产生给予印刷术发明中"印"的启示。印章的使用，创造了从反写文字得到正写文字的复制方法；而印章由凹入的反写阴文发展到凸起的反写阳文，则进一步取得了一种从反写阳文得到白底黑字正写文字的复制技术。这种复制技术，已经孕育了雕版印刷的雏形，为印刷术的发明在技术上解决了一个关键的问题，加快了印刷术发明的进程。泥封如图 1-7 所示，印章如图 1-8 所示。

图1-7　泥封

图1-8　印章

2. 拓石

刻石在我国古代久已形成风气。秦始皇统一中国后曾到处刻石记功，泰山至今还保存着秦始皇时期的石碑。汉灵帝熹平四年，东汉著名学者蔡邕奉令用隶书手写儒家经典，并使人刻石成碑作为校正经文的正本，共有高一丈（一丈=3.33 m）、宽六尺（1尺=0.333 m）的石碑46方。此后，刻石的风习历久不衰，雕刻技艺不断进步。为了免除抄写临摹之劳，避免抄写过程中的错误疏漏，约至公元4世纪发明了拓印技术。通常把儒家经典刻在石上叫作石经，把石碑上的图文转印到纸上叫拓石。蔡邕熹平石经残石如图1-9所示。

图1-9　蔡邕熹平石经残石

拓印是一种把碑刻上面的文字图样印下来的简单方法。石碑上凿刻的通常是凹入的正写阴文，也有的是凹入的笔画构成的图文。把柔软的薄纸浸湿后敷在石碑上，用木槌或毛刷隔着毡布轻轻地拍打，使纸嵌入石碑刻字的凹入部分，呈凹凸分明状。待纸张全干后，用刷子蘸墨均匀地刷在纸上，凹下的图文部分刷不到墨，因此把纸揭下来得到的就是黑底白字的正写拓本了，即平时所说的碑帖。这种从正写阴文的石碑上取得正写字的复制方法，叫作拓碑或拓石。蔡邕熹平石经碑帖如图 1-10 所示。

图 1-10　蔡邕熹平石经碑帖

如果把碑版上阴文正写的字，仿照印章的方法换成阳文反写的字，在版上加墨再转印到纸上，或扩大阳文反写的印章的面积，使之成为一块木版，于版上敷墨铺纸，仿照拓石的方法，得到的即是白底黑字的图文复制品了。因此，印章和拓石的出现，为雕版印刷术的发明提供了直接的启示和技术上的条件，是印刷术的萌芽。

传统印刷技术是中国古代先民在长期的图像或文字复制过程中产生的伟大造物活动，它是在中国社会文化的长期孕育中诞生的。传统印刷技术被民间工匠传承和发展。传统印刷技术除用以印刷上层文化所需的书籍、版画之外，更普遍地用来复制民间精神生活和物质生活中所需要的各种图形和文字，印刷品充盈着民间生活的方方面面。印刷图形的产生远远早于印刷文字。印刷图形的应用领域也远远大于印刷文字。中国印刷图形从萌芽状态到发展完善大约经历了从新石器时期到魏晋南北朝长达一万多年的时间，这期间刻版与印刷技术、工具材料、生产技术等不断发展，为印刷术的发展和日臻完美奠定了坚实的基础。

二、中国传统印刷术的发展时期

魏晋南北朝时期，佛教渐次普及到社会的各个阶层。当时国家长期分裂，南北各方相继陷入长期的动乱和战争之中。自汉末至隋统一南北的数百年中，除西晋有短暂的统一之外，大部分的时间，人们都是在战乱中度过的，特别是在西晋"八王之乱"后，招来匈奴、鲜卑、揭、氐、羌等少数民族逐鹿中原，纷纷建立政权，称王称帝，霸据一方，诸政权之间，争城掠地之战时时发生。不断经历的民族之间的纷争、仇杀，使民族矛盾、阶级矛盾、统治阶级内部的利益冲突日益尖锐，社会各阶层人士都无法把握自己的命运，常有一种朝不保夕的恐惧感，于是都想寻求一种超越自然的神力的庇护以摆脱现实苦难的纠缠。

印刷实物有明确日期保存下来的是唐咸通九年（公元 868 年）雕印的《金刚经》卷首插图《祇树给孤独园》，其末尾明确刻着"咸通九年四月十五日王玠为二亲敬造普施"字样。该实物原藏于甘肃敦煌千佛洞，

1899 年在洞中被发现，现存于英国伦敦大不列颠博物馆。该书呈卷子形式，全卷长 4877 mm，高 244 mm，卷首的一幅扉画是释迦牟尼在祇树给孤独园的说法图，其余是《金刚经》全文。该书雕刻非常精美，图文浑朴稳重，刀法纯熟，说明刊刻此书时技术已达到高度熟练的程度，书上墨色浓厚均匀，清晰明显，也说明当时印刷术高度发达，而且印刷术发明已久。该书是印刷史上的里程碑，标志印刷图形已臻于完美。唐代《金刚经》如图 1-11 所示。

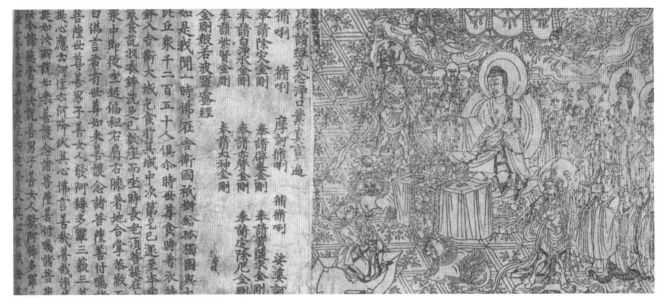

图 1-11　唐代《金刚经》

三、中国传统印刷术的成熟时期

北宋庆历年间，毕昇发明了胶泥活字印刷术。宋代科学家沈括在他的《梦溪笔谈》卷十八里这样记载：

图 1-12　毕昇像

板印书籍，唐人尚未盛为之，自冯瀛王始印五经，已后典籍，皆为板本。庆历中，有布衣毕昇，又为活板。其法用胶泥刻字，薄如钱唇，每一字为一印，火烧令坚。先设一铁板，其上以松脂蜡和纸灰之类冒之。欲印，则以一铁范置铁板上，乃密布字印。满铁范为一板，持就火炀之，药稍熔，则以一平板按其面，则字平如砥。若止印三、二本，未为简易；若印数十百千本，则极为神速。常作二铁板。一板印刷，一板已自布字。此印者才毕，则第二板已具。更互用之，瞬息可就。每一字皆有数印，如之、也等字，每字有二十余印，以备一板内有重复者。不用则以纸贴之。每韵为一贴，木格贮之。有奇字素无备者，旋刻之，以草火烧，瞬息可成。不以木为之者，文理有疏密，沾水则高下不平，兼与药相粘，不可取，不若燔土，用讫再火，令药熔，以手拂之，其印自落，殊不沾污。昇死，其印为余群从所得，至今保藏。

毕昇像如图 1-12 所示，活字印版如图 1-13 所示。

图 1-13　活字印版

　　活字印刷是科学技术史上的一大发明。活字印刷不仅大大提高了工作效率，而且还有其他一些优点，如发现错字可随时更换，不必像雕版那样要从头开始，也不会产生雕版的虫蛀、变形及保管困难等问题。活字印刷既节省了写刻雕版的费用，又缩短了出书时间。元代王祯在前人印刷技术的基础上加以改进，发明了转轮排字盘。转轮排字盘使用轻质木材做成一个大轮盘，直径约七尺，轮轴高三尺，轮盘装在轮轴上可以自由转动。把木活字按古代韵书的分类法，分别放入盘内的一个个格子里。他做了两个这样的大轮盘，排字工人坐在两个轮盘之间，转动轮盘即可找字，这就是王祯所说的"以字就人，按韵取字"。转轮排字盘（元代 王祯）如图 1-14 所示。

图 1-14　转轮排字盘(元代 王祯)

到了明代，活字印刷日益繁荣，苏州、无锡、南京一带，活字印书盛行，印刷主要是木活字。用铜活字印书，以无锡华氏和安氏为著，种类多，数量大。清代以后，印刷图形不仅影响了民间的审美观念，也极大地推动了小说、戏曲等民间文学（俗文学）的传播。现代机器印刷普及之前，民间印刷图形经过长期的发展，种类、数量极为浩繁，渗透民众精神生活与物质生活的方方面面，如民间信仰中使用的神像纸马、符图，祭拜祖先用的家堂画、祖宗轴，装饰家居用的吉祥年画、灯笼画、扇子画，以及各种文书契约标识、防伪图形、商品广告画……不胜枚举。雕版印版（清代）如图 1-15 所示。

图 1-15　雕版印版（清代）

四、中国传统民间印刷品的分类

中国传统民间印刷手工艺，包括民间印刷使用的印版上的图形和转印复制在承印物上的图形。其具体形态包括：小说唱本插图、佛经道藏插图、族谱插图；墨谱、画谱、笺谱；年画；纸马、金银纸；其他装饰印刷图形；其他日用印刷图形。

（一）年画

年画的概念一直是比较模糊的，它不仅包含了新年时张贴的灶神纸马、门神纸马和其他装饰画，还将其他纸马和各种民间印刷品囊括进来。很多地区印制的版画除了过年张贴使用外，还有平时用的中堂、屏条、窗花、拂尘纸、纸灯画，等等。本文在引用已有的论著时，沿用其"年画"的名称，其他一般以"民间版画"或"版画"指代通常所说的"年画"。

"年画"这一名词在古代并不存在，北宋时称作"纸画"，明代宫中叫"画贴"。清初，因北京销售的年画出自杨柳青，杨柳青距离天津卫十余公里，故北京称年画为"卫画"。南方杭州一带，杭州称"欢乐图"或"花纸"，苏州称"画张"。四川绵竹以刷印门神为主，称年画为"斗方"。此外，还有"花纸"等叫法。到了清末道光二十九年（公元 1849 年），直隶（河北）宝坻县（今宝坻区）人李光庭在《乡言解颐》里说："扫舍之后，便贴年画，稚子之戏耳。然如《孝顺图》《庄稼忙》，令小儿看之，为之解说，未尝非养正之一端也。"这是第一次出现"年画"这一名词。光绪年间，年画又被叫作"画片"或"纸画"。直至民国时期，上海的石印画被约定俗成为"月份牌年画"。山东潍坊杨家埠木版年画——清代版戏曲人物《纪有德全策助大同》如图 1-16 所示，民国时期的月份牌年画如图 1-17 所示。

图1-16　山东潍坊杨家埠木版年画——清代版戏曲人物《纪有德全策助大同》

（二）纸马与风马

纸马是祭祀用木刻雕版印制的神像、马等。因这种印纸"神所凭依，似乎马也"，于是叫作纸马。一说，这些神像上"皆有马以为乘骑之用，故曰纸马"。纸马又有"甲马""甲马纸"等多种名称，总体上都称其为"纸马"。古代祭祀用牲币，唐代就有记载以纸为币，用以祀鬼神。南宋吴自牧《梦粱录》卷六载："岁旦在迩，席铺百货，画门神桃符，迎春牌儿。纸马铺印钟馗、财马、回头马等，馈与主顾"。"纸马"是因过去祭祀天地神灵、创业祖先时，必附一匹马的图样作为受祭者的坐骑以便升天而得名。后来人们便把祭毕焚化的各种神佛图像，统称为"纸马"。民间纸马如图1-18所示。

民间祭祀灶神、财神、蚕神、酒仙、钟馗、天公、地母、天官、本命、财神、和合二仙、蚕花娘娘等都需要用到神像，因需求量大，所以使用印刷大量复制纸马。纸马，实质上就是民间信仰仪式中使用的版画，反映了人民祈求生活平安、健康富裕的良好心愿。唐《博异志·王昌龄》：见舟人言，乃命使赍酒脯、纸马献于大王。据《宋史·礼

图1-17　民国时期的月份牌年画

志》记载，宋使吊唁辽朝太后也"焚纸马，皆举哭"。宋代张择端在《清明上河图》里就描绘了一家数开间门面的纸马铺，店招上写着"王家纸马"。店门前沿街放着一个纸扎的高台楼阁，坐店者正向外张望，似乎巴望着顾客的光临。清明上河图——王家纸马店如图1-19所示。

图1-18　民间纸马

图1-19　清明上河图——王家纸马店

　　明清小说中频繁出现"纸马"一词，可见当时纸马已经成为人们生活中的一种必需品，生产和销售、使用遍及全国各地。例如，在《西游记》第四十八回"通天河"中有这样的描述："（陈澄等）祝罢，烧了纸马，各回本宅不题。"《儒林外史》第二八回："小的送这三牲纸马，到坟上烧纸去。"

　　今天，河北内丘县的纸马，风格简约粗犷。江浙一带的纸马打破了单纯用木版墨印或彩印的形式，融彩绘、勾线、版印、彩印为一体，画面的绘画性较强烈，无论是在技法上还是在供奉题材方面，都有它的独到之处，神祇形象刻画细致，线条流畅。无锡纸马神像，均是类型化的，似戏曲人物脸谱。广东佛山、潮州，福建泉州、漳州，广西南宁等地区，"纸马"（功德纸）种类繁多。在云南，纸马和甲马有别，依不同地区而不相同。例如：昆明部区将印有"甲马"字样的称为"封门纸"；红河一带称纸马为"利市纸""领魂纸"；滇东北七月十五祭祖的称"纸马"；楚雄一带称"叫魂马"等。在藏族地区使用的类似"纸马"的印刷品称为"隆达"（藏语音），汉语叫风马，主要用作对天神、山神、赞神和龙神，以及佛事祭祀活动时祭献抛撒的吉祥物。它是和风马旗并用的，一般在渡口、过山垭口的时候拿出来抛洒，一是对神的敬畏，二是对鬼怪的孝敬，是沟通世俗与灵界的通用媒介（相当于汉族烧的纸钱）。藏族"隆达"如图1-20所示。

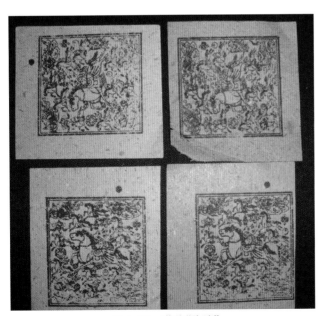

图1-20　藏族"隆达"

（三）家谱

　　家谱，又称族谱、家乘、祖谱、宗谱等，是一种以表谱形式，记载一个以血缘关系为主体的家族世系繁衍和重要人物事迹的特殊图书体裁。家谱以记载父系家族世系、人物为中心，是由记载古代帝王诸侯世系、事迹而逐渐演变来的。家谱是一种特殊的文献，就其内容而言，是中国五千年文明史中具有平民特色的文献，记载的是同宗共祖血缘集团世系人物和事迹等方面情况的历史图籍。家谱如图 1-21 所示。

图 1-21　家谱

　　随着历史的发展，家谱由官修变为私修，所录内容不断丰富，其作用也不断增加和变化。编纂家谱的目的主要是为了说世系、序长幼、辨亲疏、尊祖敬宗、睦族收族，且比较关注亲亲之道的提倡。如今，家谱同各姓氏的郡望、堂号一样，不仅可以作为数典认祖，研究历史、地理、社会、民俗等的参考资料，还是姓氏文化的重要组成部分。家谱是一种家族制度规范，能够规范人伦，是对社会法律和制度的一种重要补充。对于当代来说，家谱可以展示传统文化，也可以重温先祖的优秀文化。

（四）画谱、墨谱、笺谱

　　画谱中的较早者是 1603 年杭州双桂堂所刊的《顾氏画谱》；影响最大的是胡正言辑印的《十竹斋画谱》，以及王概的《芥子园画谱》等。清初名士李渔的女婿沈心友家中藏有明代山水画家李流芳的课徒稿 43 幅，遂请嘉兴籍画家王概整理增编 90 幅，增至 133 幅，并附临摹古人各式山水画 40 幅，为初学者做楷范，于康熙十八年（1679 年）以李渔的居宅别墅"芥子园"为名套版精刻成《芥子园画谱》第一集。王概与他的兄弟王著、王臬共同编绘了"兰竹梅菊"与"花卉翎毛"谱，即《芥子园画谱》第二、三集，于康熙四十年（1701 年），用开化纸木刻五色套版印成。《芥子园画谱》如图 1-22 所示。

画谱系统地介绍了中国画的基本技法，浅显明了，适合于初学者使用，故问世 300 余年来，风行于画坛，至今不衰。许多成名的艺术家，当初入门，皆得惠于此。画坛巨匠齐白石，幼年家贫好学，初以雕花为生。30 岁时，随师外出做活，见到一主顾家有部乾隆年间翻刻的《芥子园画谱》，如获至宝，遂借来用勾影临摹了半年之久，为其后来绘画打下良好基础。著名画家潘天寿、陆俨少都是少时通过临摹《芥子园画谱》，迈出了画家生涯的第一步。

墨谱，就是把各种形状、类型的墨锭和雕刻墨模的花纹图样描绘刊印出来的图谱集。我国明代有"四大墨谱"，即《方氏墨谱》《程氏墨苑》《方瑞生墨海》《潘氏墨谱》，均是万历年间古徽州制墨商家为其商业宣传而刊印的。《方氏墨谱》如图 1-23 所示。

图 1-22 《芥子园画谱》

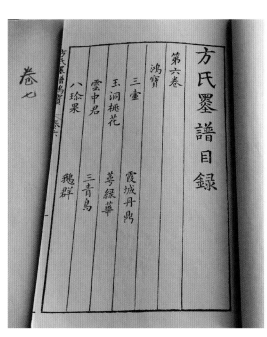

图 1-23 《方氏墨谱》

据《墨志》记载，明代嘉靖、万历年间古徽州墨工厂达 120 多家。在激烈的竞争中，相继兴起了一批制墨名家，他们十分讲究墨谱的图案和墨模的雕刻，图案绘刻达到了登峰造极的境界。同时，随着徽州商业的繁荣，徽墨传遍全国甚至名扬海外，逐渐成为文人墨客书案上的陈设品、欣赏品，甚至馈赠的礼品，不仅有实用价值，而且有欣赏和收藏价值。徽墨名坊在墨模制作和墨谱宣传上不遗余力，不惜工本，纷纷邀请徽州名画家、名刻工绘刻大型推销墨制品的广告画册，各树一帜，遂成墨谱之奇观。

花笺，又称诗笺、彩笺、笺纸、尺牍，是手札的载体，产生于南北朝时期，称"八行笺"。染色花笺相传始于唐代，为薛涛始制。《唐音要生》载："诗笺始薛涛，涛好制小诗，惜纸长剩，命匠狭小之，时谓便，因行用。其笺染演作十色，故诗家有十样变笺之语。"

花笺成为一种集书画、文学艺术及印刷技术于一体的艺术品。胡正言辑印的《十竹斋笺谱》聘请画家绘制原稿，高手刻印，风格细腻流畅，用色匀称妍雅，并选用上好宣纸制作。民国时期，鲁迅与郑振铎合编《北平笺谱》，由荣宝斋刻印出版。《北平笺谱》共收木刻套印彩笺三百一十幅，色调温氲、静雅足备，以其古色斑斓、清隽绝伦的风格，充分表现了中国画的秀丽情调以及传统水印木刻工艺悠远的韵味，堪称民国时期艺术水平最高的传统版画集。中华人民共和国成立后，荣宝斋、朵云轩、广陵印社也出品了一些笺谱与花笺。花笺如图1-24所示。

图1-24　花笺

（五）其他游戏、娱乐用品等

酒牌，又称酒筹、叶子，顾名思义，是饮酒助兴的工具，略似我们今天的纸牌，牌面上有人物版画、题铭和酒令，由于绘制精妙，寓有深意，行令时抽牌，按图解意而饮，往往得酒外之趣。《列仙酒牌》为清代画家任熊绘，蔡照初刻的版画。画集绘有老子、钟离权、蓝采和、葛洪等四十八人的图像。初版印四十部，后有续印，扉页用朱色套印"每册价银一两"六字，即所谓的流通本。

葫芦问，是一种中国传统的掷赛游戏。这类游戏棋盘为旋螺状，通常除终点外，其余棋位都是两两成双的图形，依骰点前进到某图后，再移动到同图的位置上。各地名称都不同，如天津叫赶八蛇，江淮叫逍遥图，苏北叫消消气，山东叫凤凰棋、八仙凤凰棋，在闽南称星君图、葫芦棋或葫芦问，在汕头除称为葫芦问外，也可称为得仙归位图。

第二节
中国传统的印刷色彩与颜料

中国传统印刷在颜料的使用上，黑墨、朱砂、靛蓝是最常用的三种颜料，常常单独使用。颜色配色中，一般冷暖间隔，体现了阴阳观的灵活运用。

一、黑墨

以前印刷作坊使用墨锭、墨条磨墨，现在一般使用成品墨汁。农村印制版画、纸马，也会用烧柴炉锅下的黑烟子（亦称百草霜），加胶或浓米汤调匀即可。印刷年画墨线坯子时，可掺用一些淀粉糊，以免洇纸或掉色。杨柳青雕版年画——墨线如图1-25所示。

图1-25　杨柳青雕版年画——墨线

图1-26　雕版年画——靛蓝染色

二、靛蓝

靛蓝，亦称靛青。先秦时就有以蓼蓝作为蓝色染料的原材料。《小雅·采绿》："终朝采蓝，不盈一襜。"战国思想家荀子的《劝学》："青，取之于蓝而青于蓝。" 蓼蓝是自然界中含靛蓝较多的一种植物，大约二、三月间下种培苗，民间有"榆荚落时可种蓝"的说法。六、七月间蓼蓝成熟，叶子变青，即可采集。采后随发新叶，隔三个月又可采集。

将蓼蓝的叶和茎放在缸内加水，晚间加盖，白天经太阳区发酵。待叶烂后将茎叶捞出，用木棍搅蓝水，加入适量石灰充分搅拌。待颜色由灰褐色变成蓝色时，将上浮黄水倾出，下沉者即为靛蓝。靛蓝浸染丝织物品，色泽附着在织物上的牢度非常好，几千年来一直用来印染织物，也用来做书籍、版画印刷的蓝色颜料。雕版年画——靛蓝染色如图1-26所示。

三、朱砂

　　朱砂，原名丹砂，后人以丹为朱色，遂呼为朱砂，产辰州者良，故又名辰砂。朱砂的粉末呈红色，可以经久不褪。我国利用朱砂做颜料已有悠久的历史，"涂朱甲骨"指的就是把朱砂磨成红色粉末，涂嵌在甲骨文的刻痕中以示醒目。《史记·货殖列传》中记载着一位名叫清的寡妇的祖先在四川涪陵地区挖掘丹矿，世代经营，成为当地有名巨贾的故事。可见，在秦汉之际朱砂颜料的应用非常广泛。1972 年长沙马王堆汉墓出土的大批彩绘印花丝织品中，有一些花纹就是用朱砂印制的。朱砂也用来做成印泥，盖印在布帛或纸张上。东汉之后逐渐开始运用化学方法生产人造朱砂。为与天然朱砂相区别，将人造朱砂称为银朱或紫粉霜。其主要原料为硫黄和水银（汞），是在特制的容器里，按一定的火候提炼而成的，这是我国最早采用化学方法炼制的颜料。人造朱砂还是我国古代重要的外销产品，曾远销至日本等国。用银朱加水撇去漂浮物后晒干研细，加胶熬成糊状与银朱调和，然后捏成条状晒干。用时在砚上磨，鲜明夺目。在民间人们的观念中，朱砂具有驱邪的法力，民间版画中用朱砂印制钟馗像，道教用朱砂印制符文和法印，佛教用朱砂印制经书、佛教版画。

四、其他颜料

　　民间所用颜料多是矿物颜料与植物颜料，用松烟、茶水制黑色，槐米制黄色，葵花籽制紫色，生铜末锈制绿色，石青粉制青色。

　　木红（深红色）：用苏木茎干去皮加水煮，加白矾后倾出其红汁可做鲜红胭脂用。余下残渣可做套版印刷用的绛红色。

　　章丹：用时将鸡蛋清打匀合入，颜色分明而不掉色。

　　槐黄：六月收麦前后，取树上未全开放的槐花，晒干用水煮，撇出黄水入矾，蛤粉搅匀待用，余下残渣加水和石灰温火炒干，去杂质则成深黄色，用于套版用色。

　　杨柳青年画作坊都采用自家制作的画粉着色。为了使年画的颜色持久，采用赭石，用石头压成粉末，压得很细，混上胶后，就成了画粉。用这种画粉为年画着色时，上下两层的都不用，只用中间的部分，这样可以使年画保持很长时间不褪色。漳州木版年画艺术技法和工艺过程独具一格，其雕版线条粗细迥异、刚柔相济，以挺健的黑线为主。用色追求简明对比，印制采用分版分色手工套印，称为"饰版"。所用颜料分水质和粉质两种。杨柳青年画——连年有余如图 1-27 所示。

图 1-27　杨柳青年画——连年有余

第三节
中国传统印刷图形的解析

一、图形的概念

"图形"是英文"graphic"的翻译，来源于希腊文"graphikos"。人类文化，乃先有图形，后有文字。陈梦家在其《中国文字学》一书中指出：我们从文字发展的历史，知道愈古的文字愈象形，愈接近于图画，因此文字之前身是图画，是从图画中蜕变而来的。中国传统的概念认为"图形"即是图样、纹饰，是指由绘、写、刻、印等手段产生的图画记号，是区别于文字、词语、语言的视觉形式。中国传统图形的概念与现代设计学科中图形的概念有一定的差别。

从印刷术的起源与发展来看，同样是先印图形，后印文字，进而又出现了图形与文字混合印刷。在中国古代，普通民众普遍识字率不高，对生动直观的图形的社会需求量最大，图形传播的意义远远大过文字。文字的出现使人类从"口语时代""图形时代"进入"文本时代"。中国自宋元之后，纸本图形、文字印刷大规模发展，以纸张的普及和印刷术的发明为标志的"后文本时代"的到来，语言和图像的关系又发生了重大变化，这就是"语图合体"和"语图互文"的开始。主要表现为文人画兴盛之后的"题画诗"和"诗意画"，以及小说戏曲插图和连环画的大量涌现。"题画诗"和"诗意画"属于"诗画合体"，小说戏曲插图和连环画则是"文画合体"，都是将语言和图像书写在同一个文本上，即"语图互文"体，二者在同一个界面上共时呈现，相互映衬，语图交错。

原始人在岩壁上绘制、在陶器上刻画的图形，包括人体装饰、陶器纹饰、史前雕塑和原始岩画等，题材涉及自然和社会、天文和地理、狩猎和农事、祭祀和礼仪、生殖和战争，表达当时人类所需要记录与传播的一切信息，是原始先民最主要的语言符号。图形作为传达视觉信息的语言，具有穿越时空表情达意的能力。甚至不同国家、不同民族的人们可以使用图形语言这一"世界语言"进行有效的沟通。

二、中国传统印刷图形现实存在的意义

在现代设计中，图形指在特定思想意识的支配下对某一个或多个元素组合的视觉形式，具有特定意味，能够完成信息的传达。图形既不是一种单纯的标识记录，也不是单纯的符号，更不像图案一样以审美为主，强调视觉符号的语言作用和象征意义，其基本目的在于向他人阐释某种观念。印刷图形是将"印刷"和"图形"进行组合的语词概念。这类图形要求具有转印复制和传播功能的特点。简而言之，印刷图形是指以印刷术在任何承载物上获得的图形。

20世纪初，现代机器印刷在绝大多数领域取代了传统的手工印刷工艺。到了20世纪中叶，通过数字化的软硬件载体传输成为信息传播的重要方式，人类社会进入新一轮的"图形时代"。加拿大传播理论学家马歇尔·麦克卢汉曾论述："现代社会已由文字文化转为图形文化，进入了图形时代，从而把图形引到视觉传播领域。"由于信息传播的全球化趋势，中国的图形语言也逐渐丧失了民族文化特征，沦为西方文化强国的应声虫。研究中国民间印刷图形，将为中国在图形时代保存文化精髓，弘扬民族精神起到一定的作用。

从艺术表现上来说，宋代以来，民间印刷、使用的书籍插图（绣像）、年画、纸马等已经达到很高的艺

术水平，从另一个角度展示了民间绘画艺术的特点。明中期开始，套色木版水印发明后，为印刷图形的表现拓宽了可能。以书籍插图（绣像）、年画与画谱、笺谱等为代表的印刷图形满足了广大普通民众的审美需求。对专业绘画学习者来说，通过印刷图形临摹来学习绘画是一条便捷可行的学习途径，齐白石等人就是通过临摹画谱使画技进一步规范、成熟的，印刷图形具有重要的艺术教育功能。清末民国时期，印刷图形对新文化作家、版画家创作的"现代转型"也具有深远的影响。

民间印刷图形与民间绘画、剪纸、刺绣等民间美术形式同是在民间文化的土壤中诞生和发展的，反映了最广泛民众的物质需求与精神需求，体现了民间价值观与审美观，其艺术手法的表现与民间文化的反映并无迥然不同的差异。相较而言，最大的不同在于产生的过程。从传播上来看，印刷图形通过商品流通传播到全国各地，甚至流传到海外。印刷图形对民间文化、对其他民间艺术的影响也非常广泛。如苏州桃花坞曾雕版印刷刺绣纹样，供戏服刺绣作为底稿；山东菏泽市以雕版印刷的单页装订成"书本子"作为嫁妆，其中既有绣样、扇面，又有纸牌等；山东胶东地区雕版印刷剪纸纹样，有门笺、窗花等。

第四节
欧洲印刷技术的产生与发展

中国是印刷技术的发明地，很多国家的印刷技术或是由中国传入，或是由于受到中国的影响而发展起来的。日本是在中国之后最早发展印刷技术的国家，公元 8 世纪日本就可以用雕版印刷佛经了。朝鲜的雕版印刷技术也是由中国传入的，高丽穆宗时（998—1009 年）就开始印制经书。中国的雕版印刷技术经中亚传到波斯，大约 14 世纪由波斯传到埃及。波斯实际上成了中国印刷技术西传的中转站，14 世纪末欧洲才出现用木版雕印的纸牌、圣象和学生用的拉丁文课本。中国的木活字印刷技术大约于 14 世纪传入朝鲜、日本。朝鲜人民在木活字的基础上创造了铜活字。

中国的活字印刷技术由新疆经波斯、埃及传入欧洲。1450 年前后，德国美因兹的古登堡受中国活字印刷的影响，用合金制成了拼音文字的活字，用来印刷书籍。古登堡根据他从葡萄酒压榨机改进的机器设计，开发了凸起的活字，这种凸起的活字从一开始就使用油性墨。印刷技术传到欧洲，加速了欧洲社会发展的进程，为文艺复兴的出现提供了条件。马克思把印刷术、火药、指南针的发明称为"是资产阶级发展的必要前提"。

一、现代印刷技术的奠基者——古登堡

中国发明的活字版印刷术，在国外得到了进一步的发展和完善，成为现代印刷术的主流。对中国古代活字版印刷术有突出改进和重大发展的是德国人古登堡，他创造的铅合金活字版印刷术，被世界各国广泛应用，直到现在，仍为当代印刷方法之一。古登堡像如图 1-28 所示。

古登堡创建活字版印刷术大约在公元 1440—1448 年，虽然发明活字版印刷术晚了 400 年之久，但是，古登堡在活字材料

图 1-28　古登堡像

的改进、脂肪性油墨的应用，以及印刷机的制造方面，都取得了巨大的成功，从而奠定了现代印刷术的基础。各国学者公认，现代印刷术的创始人，是德国的古登堡。

古登堡用作活字的材料是铅锡锑合金，易于成型，制成的活字印刷性能好，像这样的配比成分，到500年后的今天，也没有太大的改变。在铸字的工艺上，古登堡使用了铸字的字盒和字模，使活字的规格容易控制，也便于大量生产。古登堡还首创了脂肪性油墨，大大地提高了印刷质量，脂肪性油墨也一直沿用至今。古登堡发明的印刷机，虽然结构简单，但改进了印刷的操作，是后世印刷机的张本。以上这些都是毕昇发明活字版印刷术所没有的，也是毕昇活字版印刷术没能广泛流传的技术原因。古登堡时代的印刷如图1-29所示。

图1-29　古登堡时代的印刷

古登堡的创造使印刷术跃进了一大步。古登保首创的活字版印刷术，先从德国传到意大利，再传到法国，到1477年传至英国时，已经传遍欧洲了。一个世纪以后传到亚洲各国，1589年传到日本，翌年，传到中国。古登堡的铸字、排字、印刷方法，以及他首创的螺旋式手板印刷机，在世界各国沿用了400余年。这一时期，印刷工业的规模都不大，印刷厂多为手工业性质。

1845年，德国生产了第一台快速印刷机，这以后才开始了印刷技术的机械化过程。1860年，美国生产出第一批轮转机，以后德国相继生产了双色快速印刷机和印报纸用的轮转印刷机，到1900年，制造了六色轮转机。从 1845 年起，大约经过 1 个世纪，各工业发达国家都相继完成了印刷工业的机械化。从 20 世纪 50 年代开始，印刷技术不断地采用电子技术、激光技术、信息科学以及高分子化学等新兴科学技术所取得的成果，进入了现代化的发展阶段。20 世纪 70 年代，感光树脂凸版、PS 版的普及，使印刷迈入了向多色高速发展的途径。20 世纪 80 年代，电子分色扫描机和整页拼版系统的应用使彩色图像的复制达到了数据化、规范化，而汉字信息处理激光照排工艺的不断完善使文字排版技术产生了根本性的变革。20 世纪 90 年代，彩色桌面出版系统的推出，表明计算机全面进入印刷领域。总之，随着近代科学技术的飞跃发展，印刷技术也迅速地改变着面貌。

二、欧洲印刷活字材料的选择和金属活字制造

古登堡鉴于制作小号的木活字有困难，遂选用金属材料，主要是含锑的铅锡合金，加入锑是为了提高活字的硬度，并确定了三种金属含量的配比：铅 83%，锡 9%，锑 7%，还有 1% 的铁和铜。古登堡采用铅锡锑合金制造活字是非常聪明的选择，因为铅锡锑合金在空气中不易氧化，可以长期使用。铅锡锑合金的熔点很低，在 200~300 ℃即可熔化，铸造特别方便。这种合金材质柔韧，印刷时不容易划伤纸面。关于这些金属的选择和比例的确定，可能与古登堡幼年学习的金匠手艺和父亲对他的影响有关。同时，在 1438 年，古登堡制造了镶嵌着宝石框架的镜子，并且准备在埃克斯——拉夏贝尔地区朝圣节之际出售。（在绕城游行的时候，人们用悬挂在棍棒上的镜子吸引圣物。）这一类型物品的制造必须以掌握金属工作的原理为前提，因为镜子是由铅锑的混合物组成的。这其中的技术因素为古登堡发明活字材料提供了直接的经验。

古登堡对活字方面的技术革新还在于制造了规范化的活字。其原则是完善活字线条并且遵循字母的先后顺序，由于要用很少的字母构成无限的组合，活字的数量要远远大于字母的数量，因此有大、小写之分以及特殊活字，用于区分的符号防止了一些词的混同（例如 a 和 à），还有不断发展的缩写、联体字、标点符号等。

此外，古登堡还发明了铸字机。每个活字的线条首先以一种印模的形式在一般为铜制的软金属印模上凸刻出来，然后用锤子敲击而铸成活字。之后，模子被安装在铸字机中，它能保证产品类型的标准化，也就是以同样的高度排成行。

三、古登堡的印刷设备

中国的活字印刷和欧洲早期的木版印刷都把纸覆在上墨的印版上，以棕刷或皮垫擦拭，只印单面。用这种木版印刷方法印薄纸容易，印厚麻纸时效果不好，之后逐渐改用压榨葡萄汁或湿纸的立式压榨机。古登堡又在压榨葡萄或湿纸所用的立式压榨机的基础上，改制成世界上第一台印刷机，以用于厚纸印刷和羊皮纸的双面印刷，这是东西方未用过的新装置，应看作是一项发明。这种机器采用压印方法，为木制，底部座台上固定已排好字的活字版，上面的压印版借铁制螺旋杆控制，可上可下。螺杆下有拉杆，以人力推动，得到印刷时所需的压力。用羊皮包以羊毛的软垫蘸墨，将墨刷在活字版上，再铺上纸，摇动螺旋拉杆，通过压印板压力即印出字迹。当时印的书是一纸双页，双面印刷，然后装订成册。用这种方法，1 小时最多可印 20 张，一天可印 300 页。古登堡印刷机如图 1-30 所示。

四、油墨的制造

中国古代木版印刷用的油墨是用松烟炭黑加胶制成的着色剂，宋以后对松烟炭黑加以改进，制成适于铜

图 1-30　古登堡印刷机

版、铜活字使用的墨。与木版雕刻印刷使用的水性墨相比，金属活字对水性墨的适应性很差，因此必须使用新的着色剂——古登堡选择了油性墨。其制作方法为：将用亚麻仁榨成的油煮沸，冷却后，以少量蒸馏松树脂得到的松节精油与炭黑搅匀后，再添加铜、铅、硫黄等物质，放置数月即成适于印刷的油墨。这是其他地方不曾用过的方法。直到今天，这种方法也没有什么变化，只是现在要在溶液中加一种干燥剂。

由此，我们可以得出这样的结论，中国发展起来的活字技术原理和基本技术工序继续套用的是古登堡的方法。古登堡以自己的方式变换了活字用材、着色剂成分及压印方法，引入新的工具设备，从而革新了传统工艺，使之更适于通用拼音文字的拉丁文化区。

思考与练习

1. 中国印刷术的发明需要哪些条件？

2. 雕版印刷的特点是什么？

3. 活字印刷的特点是什么？

4. 古登堡金属活字的特点是什么？包括哪些内容？

5. 试着总结论述中国传统印刷技术与欧洲古登堡印刷技术的区别。为什么说古登堡的印刷术奠定了现代印刷技术的基础？

第二章

纸的属性、分类与规格尺寸

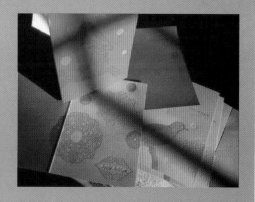

纸是我国的伟大发明。它对人类社会的进步和发展具有无可替代的价值，是促进现代文明出现和发展的一个重要因素。现代设计中，纸是一种具有多种性能的造型和承载材料，它具有成本低廉、可塑性强、绿色环保等特点。纸与我们的日常生活息息相关，无论是在物质层面还是在文化层面，纸都扮演了重要的角色。现代纸品设计如图2-1所示。

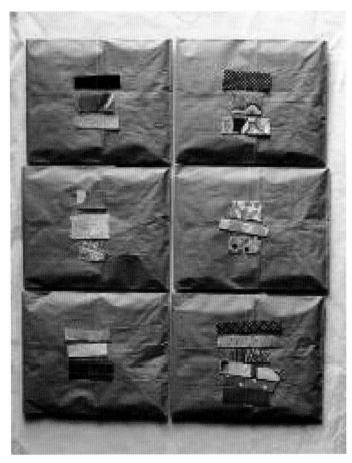

图2-1　现代纸品设计

本章就印刷承印物——纸的属性、性能、种类等进行详细的讲解。纸张的分类及各种纸张的印刷性能是本章学习的重点。

第一节
纸的属性和分类

一、纸的定义

纸是中国古代四大发明之一。纸是用以书写、印刷、绘画或包装等的片状纤维制品。中华人民共和国国家标准《纸、纸板、纸浆及相关术语》（GB/T 4687—2007）规定，所谓纸就是从悬浮液中将植物纤维、矿物纤维、动物纤维、化学纤维或这些纤维的混合物沉积到适当的成形设备上，经过干燥制成的平整、均匀的薄页。纸张是以加工处理的纤维为主要成分，结合使用目的加入适量的填料、胶料和助剂，在网上或帘上交织形成纤维间相互黏结的薄片物质。早在西汉，中国就已发明用麻类植物纤维造纸。宋代苏易简《纸谱》中记载："蜀人以麻，闽人以嫩竹，北人以桑皮，剡溪以藤，海人以苔，浙人以麦面稻秆，吴人以茧，楚人以楮为纸。"

古代造纸都是人工制造，先取植物纤维质之柔韧者，煮沸捣烂，和成黏液，匀制漉筐，使结薄膜，稍干，用重物压之即成。今天所用的各种纸张，都是机器制造的。古代造的纸如图 2-2 所示。

图 2-2　古代造的纸

二、纸的属性与组成

传统纸张由植物纤维、胶料、填料、色料等成分构成。随着科学技术的发展，合成纤维（聚乙烯、聚丙烯等）、无机纤维（玻璃丝、云母等）、金属纤维等纤维正在成为造纸的新型原料。对于印刷用纸来说，由于要求其具有一定的吸收性能，因此纤维还是以植物纤维为主。

（一）植物纤维

植物纤维是纸张最主要的成分，植物纤维是存在于自然界的植物体中的一种细长细胞。自然界中的植物有成千上万种，但能作为造纸原料的只有几十种，这是由从植物体中分离纤维的难易程度、植物中纤维的含量、纤维中的纤维素含量及该植物的储藏量和运输等因素决定的。

（二）填料

纤维经过加工交织在一起形成薄页，经放大后肯定能看到其表面有空隙，凹凸不平。印刷时油墨不能转移到下凹的部分。为了克服这个缺点，在造纸过程中要加入一种材料——填料。

填料是一种白色的细小的固体颗粒，常用的填料有滑石粉、高岭土、钛白粉、碳酸钙填料和荧光增白剂等。填料的作用是可以增加纸张的平滑度、透明度、紧度和白度，也可以提高纸张的定量，并降低成本。填料可在纸页中形成更多细小的毛细孔，而且填料粒子本身比纤维更易被油墨润湿，因而可以改善纸张对油墨的亲和力。在现代纸品设计中，设计师对纸料的平滑度、透明度、紧度和白度的选择非常关键。

1. 纸料的平滑度

现代造纸技术根据填料加入量的不同可以改变纸张的平滑程度。纸料平滑程度的不同可以表现出非常丰富的视觉设计效果，以及由纸料质感所带来的触感。

1）粗糙质感的纸料印刷设计

人们认为纸张越光滑，越具有视觉美感，但是在现代纸品设计中，纸的粗糙感可以给观者带来粗犷豪放的视觉美感享受以及独特的触感，非常适合表现个性的主题。粗糙质感的纸品设计如图 2-3 所示。

图 2-3　粗糙质感的纸品设计

2）平滑度中等质感的纸料印刷设计

平滑度中等质感的纸品印刷设计会给观者带来"可以信赖"和"独特"的双重感受。与粗糙质感的纸料相比，平滑度中等质感的纸料降低了视觉与触觉的刺激度，更易被大多数观者接受。平滑度中等质感的纸品设计如图2-4所示。

图2-4　平滑度中等质感的纸品设计

3）光滑质感的纸料印刷设计

光滑质感的纸料给人以标准、清洁的视觉心理感受。但是过于光滑的纸料往往又与平庸、缺乏个性活力成为同义词。因此在对纸料光滑度的选择上，要根据设计主题以及预期想要表现的风格而定。光滑质感的纸品设计如图2-5所示。

2. 纸料的透明度

纸的透明度是指纸张阻止入射光线透过的能力。在普通印刷中，纸张的不透明是其能隐藏置于其后的文本或图像材料的特点。在现代印刷设计中，设计师往往打破纸张不透明的限制，通过光线照射到单张纸表面时，一些光线将会透过纸层的特殊效果达到意想不到的设计效果。利用纸的透明度表现的印刷设计如图2-6所示。

图2-5　光滑质感的纸品设计

图2-6　利用纸的透明度表现的印刷设计

3. 纸料的紧度

纸的紧度是指 1 立方米的纸或纸板的质量，又称表观密度（g/m³）。用于比较各种纸张强度和其他性能的重要参数。紧度高，纸张的抗撕强度、抗张强度高，透明度低。紧度低，则强度低，透气度高，挺度低。纸料紧度高的纸品设计如图 2-7 所示，纸料紧度低的纸品设计如图 2-8 所示。

图 2-7　纸料紧度高的纸品设计　　　　　　　　图 2-8　纸料紧度低的纸品设计

4. 纸料的白度

纸料的白度主要取决于填料中荧光增白剂的含量。荧光增白剂的含量越大，纸越接近雪白，反之则越暗淡，特种染色纸除外。值得注意的是，荧光增白剂对人的身体有害，如果人体肌肤长时间接触荧光增白剂，则会对人体造成损害。

在印刷设计中并不是纸料越白越好，设计师可以充分利用纸料白度的不同，实现丰富的设计感官效果。换言之，正是由于纸白度不同的深浅变化，为设计师提供了广阔的选择空间。纸料白度较低的纸品设计如图 2-9 所示，纸料白度较高的纸品设计如图 2-10 所示。

图 2-9　纸料白度较低的纸品设计　　　　　　　图 2-10　纸料白度较高的纸品设计

（三）胶料

纸料因为植物纤维的化学成分中含有大量亲水的羟基，还有纤维与纤维之间存在着大量的毛细孔而极易吸收水。在这样的情况下，纸料在印刷时，油墨会迅速浸透和扩散，造成字迹、图像模糊不清和透印。因此，在造纸过程中需要添加一种抗水物质——胶料来降低其吸水性，从而提高其表面的抗水性。

（四）色料

色料的作用就是改变和调整纸张的颜色。色料分为溶于水的染料和不溶于水的颜料。除此之外，在造纸中，为了增加纸张的白度和亮度，还会用到一种荧光增白剂（又叫荧光染料），它本身能够吸收一部分紫外光，增加蓝光反射黄光，然后增加反射系数，因此能够起到增白、增亮的作用。生产带颜色的纸料，如特种纸、广告纸、彩色牛皮纸等，则需要进行染色，染色时一般加入染料。纸染色后的印刷设计如图 2-11 至图 2-13 所示。

图 2-11　纸染色后的印刷设计（一）

图 2-12　纸染色后的印刷设计（二）

图 2-13　纸染色后的印刷设计（三）

三、纸的分类

不同类型的纸有着不同的性能特征，如包装用的瓦楞纸、牛皮纸与我们一般用的书写纸在强度、透明度等方面都存在着很大的差异，这些不同的性能特征就构成了纸张区别于其他材料的差异。根据纸张的包装形式分为卷筒纸和平板纸。根据纸张表面是否涂布涂料分为涂布纸和非涂布纸。根据定量的大小分为纸和纸板，一般重量在 200 g/m² 以下，厚度在 500 μm 以下称为纸，在此标准以上称为纸板。

除此之外，纸还能用来制造日常生活中的日用品，如纸伞、纸扇、纸巾、纸绳、装饰壁纸、纸板家具，等等。在印刷用纸中，又有许多具有不同性能和特点的纸张，如新闻纸、凸版印刷纸、胶版印刷纸、胶版印刷涂料纸、铜版纸、字典纸、地图纸、海图纸、凹版印刷纸、压纹纸、周报纸、画报纸、白板纸、牛皮纸、书面纸，等等。

（一）新闻纸

新闻纸又称白报纸，包装形式亦有卷筒与平板之分。新闻纸定量为每平方米 51 g 左右，主要供印刷报纸、期刊使用。新闻纸纸质松软，富有较好的弹塑性，吸墨性能较强，油墨能较快地固着在纸面上，纸面经压光机压光后，两面平滑，不易起毛，两面印刷都比较清晰实在，有一定的机械强度，能适合高速轮转机印刷，不透明性很好。

新闻纸重量：胶印新闻纸，40 g/m²；凹印新闻纸，50 g/m²。

新闻纸幅宽：1575 mm、1562 mm、787 mm、781 mm。

由于其所用原材料以机械木浆为主，含有木质素及杂质，所以纸张不宜长期保存，容易发黄变脆，吸收性强，抗水性差，容易破损。利用新闻纸完成的纸品设计如图 2-14 所示。

图 2-14　利用新闻纸完成的纸品设计

（二）凸版印刷纸

凸版印刷纸简称凸版纸，产品包装形式有卷筒与平板之分。凸版纸定量为每平方米 50 g 至 80 g。品号分为特号、一号、二号三种。特号、一号凸版纸供印刷高级书籍使用，二号凸版纸主要用于印刷一般书籍、教科书、期刊。凸版印刷纸的特性与新闻纸相似，质量优于新闻纸，纸张的平滑度、抗水性、白度都比新闻纸好，吸墨能力不如新闻纸，但吸墨均匀。

凸版印刷纸重量：（49~60）± 2 g/m²。

凸版印刷纸平板纸规格：787 mm×1092 mm、850 mm×1168 mm、880 mm×1230 mm，还有一些特殊尺寸规格的纸张。

凸版印刷纸卷筒纸规格：宽度 787 mm、1092 mm、1575 mm，长度为 6000~8000 m。

凸版印刷纸在纸品设计中纸的厚度一般比较大，以适应凸版压力的要求。一些设计师在利用凸版为主要印刷、制作手段时，往往采取不加油墨的方式，直接靠凸版的压痕来表现文字和图形，具有十分独特新颖的视觉效果。凸版印刷纸无油墨的印制效果如图 2-15 所示，凸版印刷纸加油墨的印制效果如图 2-16 和图 2-17 所示。

图 2-15　凸版印刷纸无油墨的印制效果

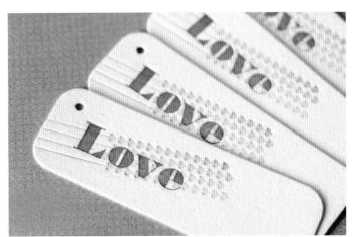

图 2-16　凸版印刷纸加油墨的印制效果（一）　　　　图 2-17　凸版印刷纸加油墨的印制效果（二）

（三）胶版印刷纸

胶版印刷纸简称胶版纸，定量为每平方米 60~180 g，有双面胶版纸和单面胶版纸之分。其中，双面胶版纸 70~120 g 使用最广。双、单面胶版纸品号都有特号、一号、二号三种。特号、一号双面胶版纸供印刷高级彩色胶印产品使用；二号双面胶版纸供印制一般彩色印件使用。胶版印刷纸应伸缩性小，抗水性强，以防多色套印时造成纸张变形，套印不准，还应不拉毛、不脱粉、质地紧密，以防止多次印刷时在油墨的黏附拉力的作用下，引起拉毛、脱粉现象，使印迹有白斑，影响印品质量。

胶版印刷纸重量：50 g/m²、60 g/m²、70 g/m²、80 g/m²、90 g/m²、100 g/m²、120 g/m²、150 g/m²、180 g/m²。

胶版印刷纸平板纸规格：787 mm×1092 mm、850 mm×1168 mm、880 mm×1230 mm。

胶版印刷纸卷筒纸规格：宽度 787 mm、1092 mm、850 mm。

胶版印刷纸主要供平版印刷彩色画报、画册、宣传画、彩色商标及一些高级出版物。单面胶版纸常用于型录、折页、宣传品等。利用胶版纸印刷、制作的纸品具有色彩明度高、光泽度好、图形文字清晰等优点。胶版印刷纸印制的型录设计如图 2-18 和图 2-19 所示。

图 2-18　胶版印刷纸印制的型录设计(一)　　　　　图 2-19　胶版印刷纸印制的型录设计(二)

（四）铜版纸

铜版纸是在原纸上涂布一层涂料液，经超级压光制成，纸张表面光滑，白度较高。铜版纸定量为每平方米 90~250 g，有双面铜版纸与单面铜版纸之分。品号有特号、一号、二号三种。特号铜版纸供印刷 150 g 以上网线的精致产品使用；一号铜版纸供印刷 120~150 g 之间网线的产品使用；二号铜版纸可印刷 120 g 以下网线的产品。

铜版纸重量：70 g/m²、80 g/m²、100 g/m²、105 g/m²、115 g/m²、120 g/m²、128 g/m²、150 g/m²、157 g/m²、180 g/m²、200 g/m²、210 g/m²、240 g/m²、250 g/m²。其中：105 g/m²、115 g/m²、128 g/m²、157 g/m² 规格的进口纸较多。

铜版纸平版纸规格：648 mm×953 mm、787 mm×970 mm、787 mm×1092 mm。889 mm×1194 mm 为进口铜版纸规格。

铜版纸不耐折叠，一旦出现折痕，极难复原。铜版纸具有较高的平滑度，印刷时能得到极细的光洁网点，能较好地再现原稿的层次和质感，纸面不应脱粉和分层，纸的吸墨一般不宜过快，吸墨过快会引起印迹无光泽，严重时还会造成印迹粉化。铜版纸适合胶版印刷单色或多色的产品样本、年历、台历等。铜版纸印制的样本设计如图 2-20 所示。

（五）字典纸

字典纸分为一号、二号两种，定量为每平方米 25~40 g。字典纸的吸湿性强，稍微受潮就会起皱。

字典纸重量：25~40 g/m²。

字典纸平版纸规格：787 mm×1092 mm。

字典纸主要供凸版印刷字典、袖珍手册、工具书、

图 2-20　铜版纸印制的样本设计

科技资料、高级印刷品等使用。字典纸轻而薄，要求不透明性好（防止透印）、纤维组织均匀、纸面平整、厚薄一致，字典纸比较柔软，纸边容易卷曲。字典纸印制的纸品设计如图 2-21 所示。

（六）凹版印刷纸

凹版印刷纸主要用于单色和彩色凹版印刷的卡片、型录等。凹版印刷纸要求纸质洁白坚挺，具有很好的平滑度和耐水性，印刷时不能有明显的掉粉、起毛和透印现象。凹版印刷纸印制的卡片设计如图 2-22 所示。

图 2-21　字典纸印制的纸品设计　　　　　　　　　　图 2-22　凹版印刷纸印制的卡片设计

（七）压纹纸

压纹纸是专门生产的一种封面装饰用纸。纸的表面有一种不十分明显的花纹。颜色有灰、绿、米黄和粉红等色，一般用来印刷单色封面。压纹纸性脆，装订时书脊容易断裂。印刷时纸张弯曲度较大，进纸困难，影响印刷效率。

压纹纸重量：40~120 g/m²。

压纹纸平版纸规格：787 mm×1092 mm。

由于压纹纸具有连续、有规则的图案，加上压纹纸的图案具有深浅层次变化，因此，设计师在选择压纹纸进行纸品设计时往往会取得丰富的视觉效果。需要注意的是，由于压纹纸本身比较厚，而且具有类似凸版印刷形成的压制纹理，在选择印刷方式时需要特别注意，一般多选择凸版作为主要的印刷方式。压纹纸印制的折页设计如图 2-23 所示，极具个性的压纹纸纸品设计如图 2-24 所示。

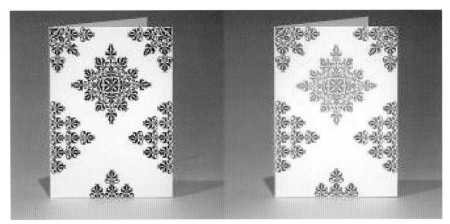

图 2-23　压纹纸印制的折页设计　　　　　　　　　　图 2-24　极具个性的压纹纸纸品设计

（八）白板纸

白板纸伸缩性小，有韧性，折叠时不易断裂，主要用于印刷包装盒和商品装潢衬纸。在书籍装订中，白板纸可用于简精装书的里封和精装书籍的径纸（脊条）等。白板纸按纸面分有粉面白版与普通白版两大类，按底层分类有灰底与白底两种。白板纸印制的立体折页设计如图 2-25 所示，白板纸印制的立体纸品设计如图 2-26 所示。

白板纸重量：220 g/m²、240 g/m²、250 g/m²、280 g/m²、300 g/m²、350 g/m²、400 g/m²。

白板纸平版纸规格：787 mm×787 mm、787 mm×1092 mm、1092 mm×1092 mm。

图 2-25　白板纸印制的立体折页设计

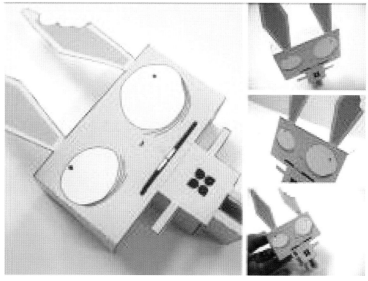

图 2-26　白板纸印制的立体纸品设计

（九）牛皮纸

牛皮纸具有很高的拉力，有单光、双光，条纹、无纹等类别，主要用于包装纸、信封、纸袋等和印刷机滚筒包衬等。牛皮纸通常呈黄褐色。半漂或全漂的牛皮纸浆呈淡褐色、奶油色或白色。定量为 80~120 g/m²。抗撕裂强度、破裂压力和动态强度很高。多为卷筒纸，也有平版纸。采用硫酸盐针叶木浆为原料，经打浆，在长网造纸机上抄造而成。可用作水泥袋纸、信封纸、沥青纸、电缆防护纸、绝缘纸等。

牛皮纸平版纸规格：787 mm×1092 mm、850 mm×1168 mm、787 mm×1190 mm、857 mm×1120 mm。

牛皮纸由于抗撕裂强度、破裂压力和动态强度高，并具有独特的天然的黄褐色，一直为许多设计师所钟爱。利用牛皮纸完成的纸品设计具有粗犷、大气、坚毅等男性所具有的独特美感。牛皮纸印制的折页设计如图 2-27 所示，牛皮纸印制的立体纸品设计如图 2-28 和图 2-29 所示，牛皮纸印制的信封设计如图 2-30 所示，牛皮纸印制的捆扎式纸品设计如图 2-31 所示。

图 2-27　牛皮纸印制的折页设计

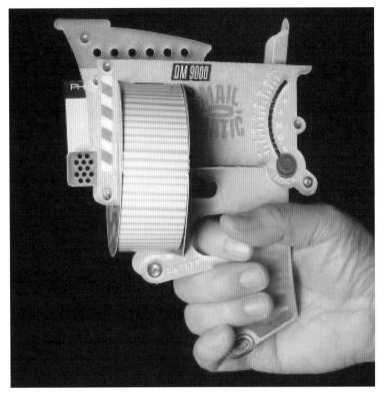

图 2-28　牛皮纸印制的立体纸品设计（一）

图 2-29　牛皮纸印制的立体纸品设计（二）

图 2-30　牛皮纸印制的信封设计

图 2-31　牛皮纸印制的捆扎式纸品设计

第二节

纸张的国际标准尺寸

一、纸张的印刷切净尺寸

印刷切净尺寸是将纸张基本尺寸扣除印刷机咬口和折叠裁切后得到的纸张尺寸。国际标准化组织

（ISO）制定的国际标准纸张尺寸是一个精密而有系统的纸张尺寸制度。根据此标准将纸张尺寸分为 A、B、C 三种纸度。A 度纸张用于印刷书刊、杂志、商务印刷品、复印品、型录以及一般性印刷品等。B 度纸张用于印刷海报、复印品、地图、商业广告以及艺术复制品等。C 度纸张用于制作信件封套及文件夹。

A 度纸张尺寸的长宽比都是 $1:\sqrt{2}$，然后舍去到最接近的毫米值。A0 纸张的尺寸为 1189 mm×841 mm，接下来的 A1、A2、A3……纸张尺寸，都是定义成将编号少一号的纸张沿长边对折，然后舍去到最接近的毫米值。最常用到的纸张是 A4 纸，它的尺寸是 210 mm×297 mm。A 度纸张尺寸比例示意图如图 2-32 所示。

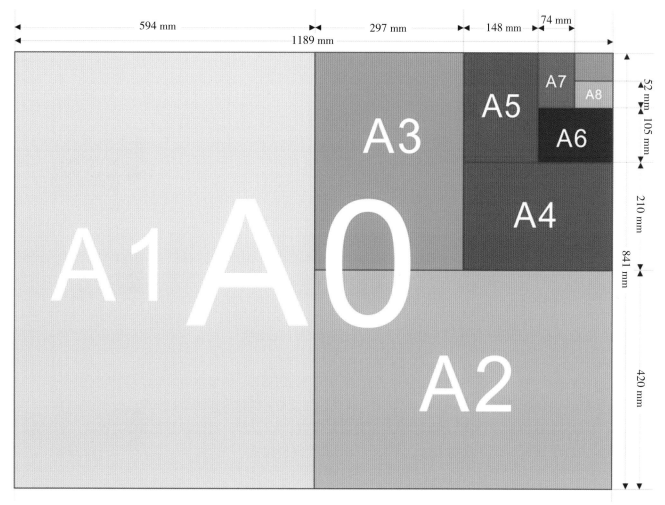

图 2-32　A 度纸张尺寸比例示意图

B 度纸张尺寸是编号相同与编号少一号的 A 度纸张尺寸的几何平均。举例来说，B1 是 A1 和 A0 的几何平均。同样，D 度纸张尺寸是编号相同的 A、B 度纸张的几何平均。举例来说，C2 是 B2 和 A2 的几何平均。C 度纸张主要用于信封。一张 A4 大小的纸张可以刚好放进一个 C4 大小的信封。如果把 A4 纸张对折变成 A5 纸张，那它就可以刚好放进 C5 大小的信封，其他尺寸同理类推。国际纸张尺寸对照表如表 2-1 所示。

表2-1 国际纸张尺寸对照表

规　　格	完成尺寸(单位:mm/in)		
	A	B	C
0	1189×841	1414×1000	1297×917
	$33^{1/8} \times 46^{3/4}$	$39^{3/8} \times 55^{5/8}$	$36^{1/8} \times 5$
1	841×594	1000×707	917×648
	$23^{3/8} \times 33^{1/8}$	$27^{7/8} \times 39^{3/8}$	$25^{1/2} \times 36^{1/8}$
2	420×594	707×500	648×458
	$16^{1/2} \times 23^{3/8}$	$19^{5/8} \times 27^{7/8}$	18×25
3	420×297	500×353	458×324
	$11^{3/4} \times 16^{1/2}$	$13^{7/8} \times 19^{5/8}$	$12^{3/4} \times 18$
4	297×210	353×250	324×229
	$8^{1/4} \times 11^{3/4}$	$9^{7/8} \times 13^{7/8}$	$9 \times 12^{3/4}$
5	210×148	250×176	229×162
	$5^{7/8} \times 8^{1/4}$	$7 \times 9^{7/8}$	$6^{3/8} \times 9$
6	148×105	125×88	162×114
	$4^{1/8} \times 5^{7/8}$	$4^{7/8} \times 7$	$4^{1/2} \times 6^{3/8}$

二、纸张的基本尺寸

纸张的基本尺寸是指未扣除印刷机咬口及加工裁切纸边的原厂纸张尺寸，目前常用纸张的基本尺寸分为下列四种。

（1）1092 mm×787 mm：俗称"小规格"，商业上又称为"正度纸"，适合各种印刷品的印刷，为最常用的纸张基本尺寸之一。

（2）1168 mm×850 mm：俗称"大规格"，适合各种印刷品的印刷，为最常用的纸张基本尺寸之一。

（3）1230 mm×880 mm：俗称"特规格"，适合各类包装纸袋、纸盒等印刷品的印刷。

（4）1194 mm×889 mm：俗称"超规格"，商业上又称为"大度纸"，适合各类文本事务用品、书刊及型录的印刷。例如，通常所说的大16开本、大32开本，就是此种规格。

三、纸料的尺寸规格与开本方法

（一）原纸尺寸

常用印刷原纸一般分为卷筒纸和平版纸两种（国家标准GB/T 147–1997）。

（1）卷筒纸的宽度尺寸为：（单位：mm）

1575 1562 1400 1092 1280 1000 1230 900 880 787

（2）平版纸的幅面尺寸为：（单位：mm）

1000M×1400 880×1230M 1000×1400M 787×1092M

900×1280M 880M×1230 900M×1280 787M×1092

其中：M表示纸的纵向允许偏差，卷筒纸宽度的偏差为±3 mm，平版纸幅面尺寸的偏差为±3 mm。

（二）常用纸张的开本方法

通常用户在描述纸张尺寸时，尺寸书写的顺序是先写纸张的短边，再写长边，纸张的纹路（即纸的纵向允许偏差）用 M 表示，放置于尺寸之后。例如 787×1092M（mm）表示长纹，787M×1092（mm）表示短纹。印刷品特别是书刊在书写尺寸时，应先写水平方向，再写垂直方向。为了印后装订时易于折叠成册，印刷用纸，多数是按 2 的倍数来裁切。全张纸裁切方法示意图如图 2-33 所示。

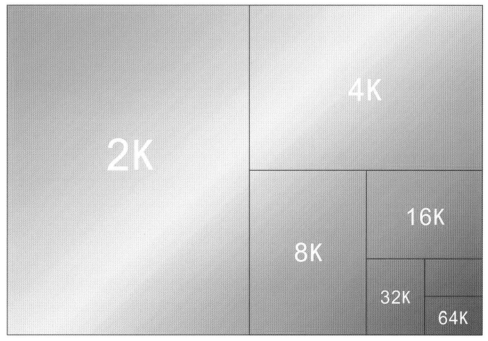

开数	尺寸（mm）
整开	1092×787
对开	787×546
4 开	533×381
8 开	381×267
16 开	263×191
32 开	186×130
64 开	129×92

开数	尺寸（mm）
整开	1168×850
16 开	283×206
32 开	203×141
64 开	138×102

图 2-33　全张纸裁切方法示意图

未经裁切的纸称为全张纸；将全张纸对折裁切后的幅面称为对开或半开；把对开纸再对折裁切后的幅面称为四开；把四开纸再对折裁切后的幅面称为八开……通常纸张除了按 2 的倍数裁切外，还可按实际需要的尺寸裁切。当纸张不按 2 的倍数裁切时，其按各小张横竖方向的开纸法又可分为正切法和叉开法。正开法是指全张纸按单一方向的开法，即一律竖开或者一律横开的方法。正开法示意图如图 2-34 所示。叉开法是指全张纸横竖搭配的开法。叉开法通常用在正开法裁纸有困难的情况下。叉开法示意图如图 2-35 所示。

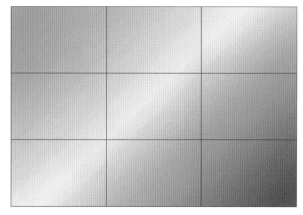

图 2-34　正开法示意图

除上述的正开法和叉开法两种开纸方法外，还有一种混合开纸法，又称套开法和不规则开纸法，即将全张纸裁切成两种以上幅面尺寸的小纸，其优点是能充分利用纸张的幅面，尽可能地使用纸张。混合开纸法非常灵活，能根据用户的需要任意搭配，没有固定的格式。混合开纸法示意图如图 2-36 所示。

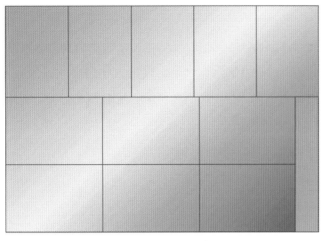

图2-35 叉开法示意图

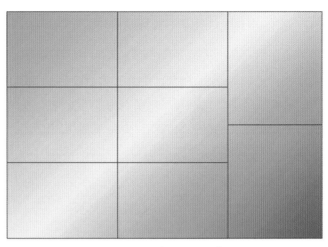

图2-36 混合开纸法示意图

四、纸张的定量、厚度对工艺设计的影响

(一)强度

纸有一定的强度,也可以称为挺度,因此人们常常把纸做成纸绳用来包扎物体,也有直接把纸做成纸盒用来保护商品,甚至用纸做成椅子,承受一定的重量。

不同类型的纸料,其强度也不同。就同一种纸而言,由于其形态、加工位置、加工工艺的不同,所表现出来的强度也不同。纸的这一特性在具体印刷设计中所表现出来的情况是很复杂的,因此,设计师在进行印刷设计的过程中,必须充分考虑这一因素,以使完成后的形体达到应有的强度。利用纸料强度完成的印刷设计如图2-37至图2-39所示。

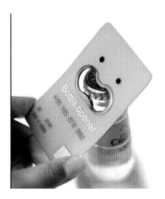

图2-37 利用纸料强度完成的印刷设计(一)

值得注意的是,在纸品设计中,通常要求纸具有一定的强度,但是并不是强度越高越好。设计师在印刷设计中恰恰反其道而行之,选择相对柔软、强度低,甚至可以拉伸变形的纸料作为印刷设计的创新点,这样也可以取得出人意料的效果。可拉伸变形的印刷设计如图2-40所示。

(二)重量

纸张的重量可以作为纸张买卖计价的依据,并区分纸张的厚薄。一般分为"令重"和"基重"两种计算方式。

图 2-38　利用纸料强度完成的印刷设计（二）

图 2-39　利用纸料强度完成的印刷设计（三）

图 2-40　可拉伸变形的印刷设计

1. 令重

通常把 500 张全开纸张称为 1 令纸，1 令纸的重量就称为令重，单位为千克/令。同一尺寸的纸张，厚度越厚，令重就越重；反之，同一尺寸的纸张，厚度越薄，令重就越轻。

2. 基重（定量）

基重是每平方米单一纸张所称得的重量（g），单位为 g/m^2。

纸张的重量也间接反映着纸张其他方面的特性和表现，比如纸张的厚度、耐破度、在印刷机上和印后加工设备上的运转性、印刷成品的表现等。

（三）厚度

厚度是指纸的厚薄程度，通常以纸料在规定压力下所测得的纸张两面的垂直距离作为厚度，单位为毫米（mm）或者微米（μm）。厚度在 500 μm 以下称为纸，厚度在 500 μm 以上称为纸板。

在现代印刷设计中，由于卡片的尺寸比较小，单张卡片厚度太小会给人带来轻飘不可信任的感觉，因此设计师在卡片设计时一般选择厚度比较大，比较接近纸板的纸作为设计用纸。厚度比较大的卡片设计如图 2-41 所示，厚度比较大的信签设计如图 2-42 所示。

折页、型录、邮递用信封和信纸、宣传海报等选择厚度比较小的纸比较适宜。另外，厚度比较大的纸不适合多次折叠，在折叠过程中容易发生断裂、不易加工等现象，这也是这类印刷设计选择厚度比较小的纸料的原因。厚度比较小的卡片折页设计如图 2-43 和图 2-44 所示。

图 2-41　厚度比较大的卡片设计

图 2-42　厚度比较大的信签设计　　　　　　图 2-43　厚度比较小的卡片折页设计（一）

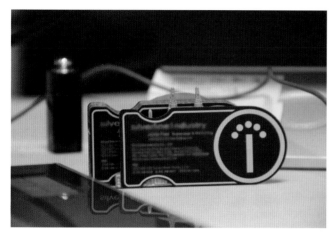

图 2-44　厚度比较小的卡片折页设计(二)

(四) 印张

印张是印刷用纸的计量单位。一张全张纸有两个印刷面，即正、反两面。规定以一张全张纸的一个印刷面为一个印张。一张全张纸两面印刷后就是两个印张。

在现代印刷设计中，由于设计具体对象的细化，印张的概念与书籍出版、报刊印刷的概念有所不同。例如，在卡片设计中的印张尺寸就没有严格的规定和界限，是根据设计师设计的尺寸及印制数量而决定的。总而言之，在印刷设计中，印张的数量与尺寸相对比较灵活，主要根据裁切后的设计成品尺寸而决定。卡片设计的印张如图 2-45 所示，宣传海报设计的印张如图 2-46 所示。

图 2-45　卡片设计的印张　　　　　　　　　　　图 2-46　宣传海报设计的印张

第三节
纸料成本核算

纸张的成本是印刷设计制作成本的重要组成部分之一。作为一名优秀的设计师，应该学习并熟练掌握纸张的成本核算，为设计成本控制提供科学的依据。

一、平板纸的成本核算

在纸张交易以及印刷使用中，平板纸通常以"令"作为计算单位，而结算货款时又通常以质量作为结算的基础，例如7200元/吨。这样就要求把每令纸的实际质量准确地计算出来。一令纸是指定量相同、幅面一致的500张全张纸。每令纸的质量就是令重，令重一般以千克（kg）为计量单位。

（一）用纸量的计算

$$印刷品的总质量=实际用纸量+加放量（损耗）$$

由于影响加放量的因素很多，例如印刷的难易程度、印刷机的老化程度、印刷机的机型、机器精度等，因此在计算加放量时要灵活掌握，一般加放量（损耗）应控制在1%以内。例如每块印版印数在5000张时，加放量为40~50张。

单页印刷品实际用纸量的计算

单张纸的用纸量=印数÷开数，计算单位为全张纸数。

$$令数=全张纸数÷500$$

$$总用纸令数=印数÷（开数×500）$$

例如，某旅行社准备印制4万份正32开彩色宣传单，需要纸的令数的计算方法如下：

$$实际用纸全张纸数=40\ 000÷32张=1250张$$

$$实际用纸令数=1250÷500令=2.5令$$

$$即实际用纸令数=40\ 000÷（32×500）令=2.5令$$

按照上述方法计算，某客户印1万张大16开彩色宣传单，实际用纸令数=10 000÷（16×500）令=1.25令。

（二）纸款的计算

纸款=总用纸量×单价，同样，这里只计算实际用纸量的纸款，不涉及加放量。纸张的单价有吨价和令价两种，所以要计算纸款先要计算用纸总重量或总令数。

（1）利用令价计算纸款。只要知道用纸令数和令价，就可以算出纸款。

例如，某客户印5000张大16开，157 g双铜纸，令价是625元，纸款的计算方法为：

$$用纸令数=5000÷（16×500）令=0.625令$$

$$实际纸款=0.625×625元=390.625元$$

（2）利用吨价计算纸款。一般纸张标签上都注明了纸张的定量，根据定量计算出每张成品纸的质量，再乘以印数得出用纸的总质量，最后乘以吨价，纸款就算出来了。

令重计算公式如下：

$$Q=\frac{L×b×500×W}{1000}=0.5LbW$$

式中：Q——令重（kg）；

L——平板纸的长度（m）；

b——平板纸的宽度（m）；

W——纸张的定量（g/m²）。

令重公式中的 0.5Lb 的计算结果称为简化系数，用 C 表示，于是有

$$C=0.5Lb$$

$$Q=CW$$

令重算出来以后，再算出用纸令数，两者相乘就是用纸总质量，再乘以吨价就是纸款。还有一种算法是算出令重后，再算出一张成品纸张的质量，乘以印数就是用纸总质量，最后乘以吨价就是纸款。

例如，某客户印 5000 张大 16 开，157 g 双铜纸，吨价是 7500 元，纸款的计算方法为：

$$令重\ Q=0.5LbW=0.5×0.889×1.194×157\ kg≈83.33\ kg$$

计算方法一：

$$用纸令数=5000÷（16×500）令=0.625\ 令$$

$$用纸总质量=0.625×83.33\ kg=52.08\ kg$$

$$每千克纸价=7500\ 元÷1000\ 元=7.5\ 元$$

$$纸款=52.08×7.5\ 元=390.6\ 元$$

计算方法二：

$$每一张大\ 16\ 开纸张的质量=83.33÷（16×500）kg=0.010\ 4\ kg$$

$$用纸总质量=0.010\ 4×5000\ kg=52\ kg$$

$$每千克纸价=7500÷1000\ 元=7.5\ 元$$

$$纸款=52×7.5\ 元=390\ 元$$

二、卷筒纸质量的计算

卷筒纸的质量是由造纸厂的生产车间直接称出，再扣除纸芯质量就得出该卷筒纸的净重，标于卷筒纸的包装上。使用卷筒纸印刷的印刷厂最关心的问题是卷筒纸的面积，当卷筒纸的质量一定时，纸张的定量大小是影响纸张面积的唯一因素。国际标准 GB/T 1910—2015 规定新闻纸的定量允许偏差为±5%，当纸张的实际定量大于标准定量时，纸张的实际使用面积减少，对于印刷厂来说，就必须考虑其生产成本。

为了保障印刷企业的权益，应以标定重量来结算，这种计算方法称为定量换算法。

定量换算法是用卷筒纸的净重与实际定量计算出卷筒纸的实有面积，再与标准定量相乘得到该卷筒纸的标定重量。其计算公式如下：

$$标定质量=\frac{净重}{实际定量}×标准定量$$

例如，某新闻卷筒纸，净重为 685 kg，标准定量为 49 g/m²，测得的实际定量为 51 g/m²，计算其标定重量：

$$标定重量=685÷51×49\ kg=658.14\ kg$$

从以上计算结果可以看出，印刷厂买此新闻纸只需付 658.14 kg 的款项而不是付 685 kg 的款项。

另外，还有一种计算标定重量的方法，卷筒纸在生产时由计算机控制并记录每个卷筒纸的总长度，再由总长度换算出卷筒纸的标定重量。计算公式如下：

$$标定重量=\frac{总长度×幅宽×标准定量}{1000}$$

思考与练习

1. 纸的属性包括哪些?

2. 以身边的纸张为例,说出六种种类不同的纸张。

3. 用尺测量一下身边常用纸张的尺寸。

4. 试述不同纸张的属性与印刷的关系。

5. 某企业印制了宣传册 5000 册,小 6 开开本,8 个印张,计算纸张成本需要花费多少钱。

第三章

印前图文信息输入与设计

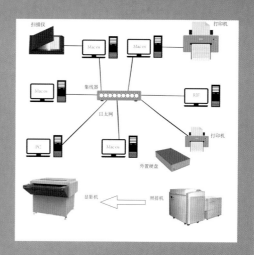

印刷是使用印版或其他方式将原稿上的图文信息转移到承印物上的工艺技术，印刷是一种复制手段。印刷主要是将文字、图形和图像复制到某种介质上，其中图像复制是关键。由于计算机、电子、激光和精密机械技术的快速发展，产生了数字印前系统，带给印刷业新的作业方式，使印刷业从传统的复制工艺向技术和艺术互相融合的方向发展，带来了印前领域的革命性进步。

熟练掌握印前系统中硬件、软件，以及图文信息输入与设计是本章学习的重点。

第一节
印前图文系统组成与准备

一、印前系统的组成

印前系统由硬件和软件两大部分组成，或按工艺过程分为图文输入系统、图文处理系统和图文输出系统三大部分。印前系统配置如图 3-1 所示。

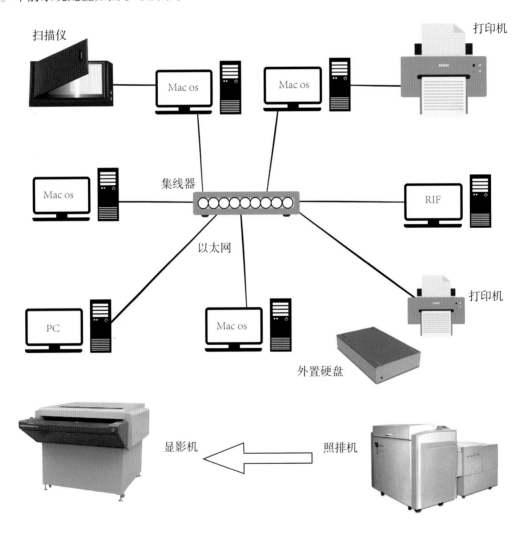

图 3-1　印前系统配置

（一）印前图文输入系统

印前图文输入系统是将文字、图形、图像等信息转换为数字信息，并输入计算机。图文输入设备包括：用于输入文字的键盘或光学文字识读机；用于输入图形的鼠标或数字化仪；用于彩色图像输入的电子分色机、色彩扫描仪、数字照相机和摄像机等。

（二）印前图文处理系统

印前图文处理系统是用来将图文信息按复制要求进行一定的处理，包括图形修正、创意和分色、图形处理、图文排版和组版等，它是印前系统的核心。目前应用于印前图文处理系统的计算机主要是高性能的 Mac 机、PC 机和服务工作站。

印前系统仅有硬件部分还无法进行工作，只有配置相应的软件才能完成图像、图形、文字的印前处理工作。用于印前处理系统的主要软件有文字处理软件、绘图软件、图像处理软件、组版软件。

文字处理软件主要用于文字的输入和对文字的各种编校处理，常用的有 Microsoft 公司的 Word 软件等。

绘图软件主要用于线条原稿的制作及复制处理，常用的有 Adobe 公司的 Illustrator、FreeHand 软件等。

图像处理软件主要用于连续调原稿的处理，即利用其各种功能对扫描输入的彩色图像进行校色、层次调整、编辑等处理工作。图像处理软件常用的有 Adobe 公司的 Photoshop 软件。

组版软件主要用于文字、图形、图像的编辑排版处理，可以做精确复杂的版面设计处理，获得满足印刷要求的页面。组版软件常用的有 Quark 公司的 QuarkXPress 软件和 Adobe 公司的 PageMaker、InDesign 软件等。

（三）印前图文输出系统

印前系统的输出方法包括图文显示、预打样、图文存储、输出记录等方法。

1. 图文显示

图文显示是利用显示器来实现图文的显示输出。通过显示器判断图文处理效果，随着处理的进行，可以随时观察到处理效果。

2. 预打样

预打样的目的是在正式输出之前对印前系统的设计制作结果进行检查，并做出修改。采用与传统打样不同的打样方法，即采用色彩打印机打样，又称为预打样。

3. 图文存储

印前系统的图文存储介质主要采用磁盘、U 盘、移动硬盘、MO 磁光盘、光盘等。

4. 输出记录

输出记录是指将符合印刷要求的图文信息制作成胶片、印版或印刷品。图文输出设备主要有激光照排机、胶片记录仪、CTP 直接制版机、激光打印机、彩色喷绘机等。

激光打印机输出文字和图形的清样，用来校对版面和文字，或输出拷贝纸样用于晒版。

激光照排机用于图像、文字、图形图文合一的一体化胶片输出。

胶片记录仪能将数字图文信息记录到传统感光材料上。

直接制版机是将计算机拼组好的页面按照印刷机的型号、折页的要求拼组成大版，通过 RIP 后直接在印版上成像的设备。印前系统作业流程图如图 3-2 所示。

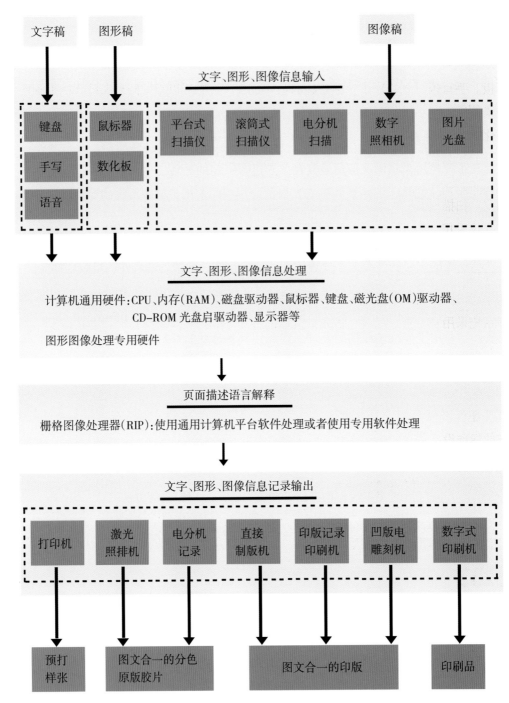

图 3-2　印前系统作业流程图

二、印前系统的硬件和软件

（一）硬件

1. 图文输入硬件设备

1）文字输入设备

（1）键盘。键盘是输入文字的主要工具，中英文、各种常用字符和标点符号都可以通过键盘直接输入，但汉字还要通过汉字编码输入法才能用键盘完成输入。

（2）鼠标和轨迹球。鼠标和轨迹球是用来控制光标位置和执行菜单命令的。鼠标一般用于台式计算机，分为机械式和光电式两种。轨迹球多用于便携计算机。

2）图形输入设备

（1）手写板。手写板（光笔）是一种新型的输入设备，用它可以很方便地在计算机上画图，但必须配合特殊的数化板来使用。

（2）数字化仪。数字化仪实际上就是更精确的手写板，可以实现精确画图，如机械实际画图、地图的描绘等。

3）图像输入设备

（1）扫描仪。扫描仪有两大类：平台式扫描仪和滚筒式扫描仪。

平台式扫描仪采用光电耦合配件（CCD）作为光电接收器件，具有扫描速度快、使用方便、对原稿的适应性强和价格低廉的特点，可以扫描出比较满意的效果，适合一般印刷的需要。

滚筒式扫描仪采用光电倍增管（PMT）作为光电接收器件。扫描质量优于平台式扫描仪。对要求较高的扫描应考虑选用此类扫描仪。

通常小型系统采用平台式扫描仪，而较大规模的输出中心都配有这两种类型的扫描仪，以适应不同类型的原稿。

（2）数字照相机。数字照相机已成为印刷业的重要输入工具。用平面CCD器件将图像采集成数字信号存到存储卡中，或外接一个硬盘。

2. 图文处理硬件设备

印前系统的标准设置应有扫描工作站、图文处理工作站、组版工作站等。

工作性质不同，对计算机性能的要求也不一样，各部分由高到低的性能要求如下：

图文处理工作站对计算机的速度、内存和硬盘等各项性能的要求最高。图像扫描工作站一般使用Photoshop软件进行扫描，对计算机的要求也较高，但如果不用来做太多的创意和图文处理工作，对计算机的要求可适当降低。组版和输出工作站主要使用组版和绘图软件，所以对计算机的要求不太高。文字录入计算机的性能要求最低。

3. 图文输出设备

1）显示器

对于印刷行业来说，显示器的质量是非常重要的。显示器的分辨率和颜色直接影响图像的显示质量，关系到屏幕显示图像与印刷品图像的一致性。通常用于排版的计算机显示器尺寸要求大一些，可以避免来回放大屏幕的麻烦。进行图像处理的计算机，对屏幕颜色的要求是第一位的，颜色的数量越多越好，最好是真彩色的，这样才能使显示的图像比较逼真。

2）激光打印机

计算机的图像和图形被转换成可打印的点阵信息送到打印机，使打印机按静电原理将墨粉转移到纸上，经过加热使墨粉融化、牢固地附着在纸上。

3）彩色激光打印机

彩色激光打印机不需要专用纸，打印质量较好，速度较快，缺点是颜色不够鲜艳，打印机价格较高。

4）彩色喷墨打印机

彩色喷墨打印机是采用喷墨原理将墨点喷射到纸张上。价格便宜，打印成本较低，打印速度慢，需要使用专用打印纸和专用墨水，打印质量较好。彩色喷墨打印机打印幅面大，色彩鲜艳，用于彩色招贴画和户外广告的喷绘，还能够在纸张以外的介质上喷绘。随着新技术的进步，尤其是彩色管理软件的应用，彩色喷绘打样（即数字打样）已慢慢代替传统的印刷打样。

5）彩色热敏打印机和热升华打印机

彩色热敏打印机和热升华打印机的打印原理基本相同，都是靠加热将色带上的颜色转移到打印纸上，只是打印温度不同。彩色热升华打印机的打印质量是最好的，能够打印出类似照片一样的彩色效果，而且打印速度较高。缺点是设备价格较高，需要使用专用打印色带和打印纸。

6）激光照排机

激光照排机是在胶片上记录高精度、高分辨率图像和文字的输出设备。

照排机主要有三种结果类型：外滚筒型、绞盘型和内滚筒型。

（1）外滚筒型照排机。外滚筒型照排机的记录胶片附在滚筒的外面随滚筒一起转动，又称为鼓型照排机。记录精度和准确度都较高，结构简单，工作稳定，适合大幅面照排机。

（2）绞盘型照排机。绞盘型照排机的胶片由几个摩擦传动辊带动，传动同时，激光将图文信息记录在胶片上。其结构和操作都很简单，价格便宜，可以使用连续的胶片，记录精度和套准精度略低。

（3）内滚筒型照排机。内滚筒型照排机又称为内鼓型照排机，是目前高档照排机采用的一种类型。其具有记录精度高、幅面大、自动化程度高、操作简便等特点。

7）直接制版机

计算机直接制版（CTP）是计算机直接制版系统中印版或印刷品的输出设备，是将数字式的版面信息直接扫描输出到印版上。直接制版机实际上是一台由计算机控制的激光扫描输出设备，在结构上与激光照排机非常相似，又称为印版照排机，一般采用激光扫描的方法直接将版面信息记录在印版上，然后通过适当的后处理来获得印版。

计算机直接制版机分为平台型、外滚筒型和内滚筒型。外滚筒型直接制版机的结构非常适合直接制版机，因为直接制版是单张版，上版方式与印刷机上版方式相同，被认为是最佳的直接制版机结构。

（二）软件

软件是印前处理系统的重要组成部分，任何一个功能强大的软件都不能完成所有的制作工作，因此合理的软件配置可以充分发挥硬件的优势，提高工作效率，完成特殊的工作。计算机在处理彩色图像、图形、文字的时候，用到不同的数据格式。软件是按处理的数据格式分类的，处理文字数据的是文字编辑软件，处理图形数据的是图形处理软件，处理图像数据的是图像处理软件，处理版面描述数据的是组版软件，在输出前转换成电阵图像格式的是光栅图像处理软件（RIP）。另外，还有数字打样软件。

1. 图像处理软件

图像处理软件处理的对象是由扫描仪等输入设备产生的点阵图像。所谓点阵图像是指图像的内容是由单独的像素点组成，这些点具有不同的位置和颜色信息。使用图像处理软件可以对扫描图像进行拼接、剪裁、旋转、放大缩小、变形、颜色和阶调调整、分色、图像挖空和其他特殊效果等工作，是计算机创意最主要的工具。印前工艺流程处理软件相互关系如图 3-3 所示。典型的图像处理软件有 Photoshop、LivePicture 等。

2. 图形处理软件

图形处理软件有两类。一类是利用矢量数据进行绘画的，另一类则是利用点阵数据进行绘画的。图形绘画软件主要以点、直线或曲线绘制图形，利用颜色的变化渲染效果，是基于矢量的图形软件。可以创建简单的画稿，或用于创新性文字处理，并加入了排版功能。最常用的矢量图形软件有 Illustrator、FreeHand、CorelDRAW 等。点阵图形软件有 Painter 和三维图像制作软件，如 Studio Pro、Dimension 等。

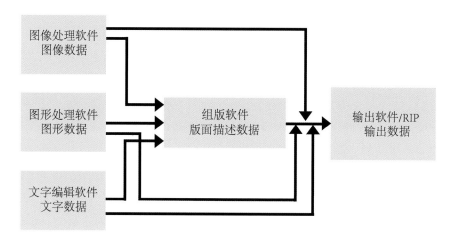

图 3-3 印前工艺流程处理软件相互关系

3. 组版软件

组版软件的作用是将图像处理软件处理后的图像、绘图软件绘制的图形和文字等组合在一起，并可以对它们进行精确的编排和设计，形成最终的成品版面，最后打印输出。最常用的专业组版软件是 InDesign 和 QuarkXPress，能够精确地定位文字和版面元素，可以任意定义文字的尺寸及行距和字距。还有一些常用的组版软件，如方正公司开发的飞腾、文合软件，这两个软件的功能也非常强大。

办公用的文字处理软件，如 Word、WPS 等，能进行文字处理和将图像、文字组合在一起。随着办公软件的广泛应用，经常会有此类软件制作的文件要求制版，通常需要一些特殊的处理技巧。

4. 输出发排软件

现在的页面输出设备是光栅输出设备。光栅输出设备是使用机器点（打印机的打印点、激光照排机曝光点以及显示器的像素点）来输出所有的页面图文。

光栅图像处理器是将计算机制作版面中的各种图像解释成打印机或照排机记录的点阵信息，图形和文字不做解释，然后控制照排机将图像点阵信息、图形和文字记录在胶片上。输出发排软件除了光栅处理功能外，还具有拼大版、设置网目调输出参数（调幅/调频、网点形状、加网角度、加网线数等）、色彩管理与分色等功能。

各类软件的功能和作用虽然有相同之处，但各有其特点，同一种工作可能用几个不同软件都能完成，但完成的难易程度和效果可能不同。学习掌握各种软件的功能，然后在实际工作中选用一种质量最高的方法。

三、印前处理系统硬件的特点

（一）开放性

印前处理系统采用统一的页面描述语言（PostScript），使得在不同单位、不同厂家或不同硬件平台上制作的版面内容具有良好的兼容性。

（二）标准化接口

印前处理系统的硬件采用标准化的硬件接口，使不同厂家的不同设备可以互相连接，如扫描仪通常采用 SCSI 接口，打印机采用串口或并口、SCSI 接口和网络连接，照排机使用 SCSI 接口和网络连接。

（三）积木式结构

由于采用标准接口，可以根据需要灵活选择，合理配置。

四、页面及其信息种类

观察一下周围的印刷品，我们很快就会发现：书籍、期刊、报纸、产品说明书、印刷广告页、包装盒等，它们携带的信息不外乎三种，即文字、图形、图像。

印刷媒体传递的这三种信息都是静止的。在印刷品上，图文信息大多是按页面组织起来的。其中，书籍、期刊、报纸等以信息传播为主要目的的印刷品以页面为"容器"携带信息，而包装装潢类印刷品（包装盒等）上的信息虽然不按页面组织，但在印前制作中仍然是以一个平面范围为基础，根据包装成型的要求，将图文信息"汇集"到其中，成为事实上的"包装产品页面"。

组成页面的基本信息单元称为"页面元素"。面向印刷的页面元素有精致的文字、图形和图像三种。如果我们将范围扩大到电子出版媒体，则在多媒体出版或网络出版的页面上，还有动态的文字、图形、图像、音频等信息元素。

（1）文字：一组特定的图形符号（字符），单个字符或多个字符组合具有特定的含义和语音。

（2）图形：具有某种形态特征的二维（平面）或三维（立体）信息体。在计算机中，图形通常借助一些节点和控制点的数据，用某种数学函数来表示。

（3）图像：由微小像素组成的二维或三维的信息体。

文字、图形和图像之间有明显的差别，又有相互的联系。

例如：除去语意外，文字的外形（字形）就是一种图形，在数字化的字库中，字形也是借助一些关键的节点和控制点的数据，用某种数学函数来表示的。此外，如果要把计算机内部存储的图形显示出来或打印出来，就必须将数学函数表示的图形转换成像素组成的图像才能实现。文字、图形、图像信息的交融和结合提升了出版、包装装潢、电影、电视等领域信息的丰富性。

五、页面描述语言

页面描述语言是一种专门的计算机语言，可以对页面内容的各种图文信息元素的属性、特征、行为以及页面元素之间的相互关系进行描述。页面描述语言提供的是页面内容的一种高层次的描述信息。一般而言，它并不直接针对某种具体的设备。由页面描述语言构成的同一个文件可以在不同的记录设备（如打印机、激光照排机、数字印刷机等）上输出成像。输出的页面在分辨率、颜色模式和质量上有差异，但在页面的幅面、结构和内容上是完全相同的。

常见的页面描述语言有 Adobe 公司的 PostScript、HP 公司的 PCL 等。在图文信息处理和印刷复制领域中，这些页面描述语言曾经或正在发挥着重要的作用。

在印前领域内，目前应用最广泛的页面描述语言是 PostScript。PDF 格式的文件不是一种页面描述语言，但它包含了页面描述的信息，而且它克服 PostScript 语言的一些弱点，这种文件在印刷、多媒体和网络出版、电子文件交换中得到了日益广泛的应用。

在印前制版过程中，页面或版面制作完成后，通常使用计算机软件的"打印"功能生成页面描述语言。由于具体的输出设备并不"理解"页面描述语言，不能直接进行页面输出成像，因此，在输出之前，需要一个专门的系统对页面描述语言进行解释，并且根据页面成像操作指令，转换成真正可以记录，输出设备收到这些记录成像数据后，即可将页面图文打印、曝光、记录到各种材料上，成为印刷品、胶片或印版。对页面描述语言进行解释并生成设备记录信息的系统就是删格图像处理器。与页面描述相关的一些技术对页面的成像也是不可缺少的，这些技术包括：字形描述和存储、加网技术、图文数据压缩技术、色彩转换和管理技术等。页面描述语言解释输出如图3–4所示。

图 3–4　页面描述语言解释输出

六、数字图文信息的传递和处理

（一）模拟信号与数字信息

信息有多种不同的特征和属性。声音、图像等信息都属于信号。声音信号随时间变化，图像的颜色信号随空间位置坐标不同而变化，由此，我们才能听到美妙的声音，看到五彩缤纷的画面。信号有模拟和数字两种类型。模拟信号是随时间或空间位置连续变化的，而且，在一定的范围内，信号的大小取值是不分等级的。

（二）数字图文信息

对模拟与数字信息的基本概念有了初步认识以后，我们就可以进一步了解数字图文信息的本质。照片或者绘画本身是模拟形式的图像。如果是黑白照片，随着照片上位置的不同，从照片上反射出来的光线有不同的强弱，但照片本身是连续的。用扫描仪扫描照片，连续的照片就被分割成大量连续的"点"，即"像素"。每个像素的亮度数值被转换成有限个等级，例如，从 0 到 255 的 256 个等级。最后，每个像素的信号还要转换成二进制 0/1 表示的数字，存储到计算机系统中。如果是彩色照片，则每个"像素"的彩色光线可以分解成红、绿、蓝三部分，分别用 8 位二进制数码表示，可以表现 $2^{8\times8}=2^{24}$ 种不同颜色。印刷彩色复制大多采用青、品红、黄、黑四色，计算机里的四色图像用 4 个 8 位二进制数码表示 1 个像素，称为"32 位 CMYK 数字图像"。

文字信息的数字化大多借助键盘和软件完成，按照某种输入方法输入文字时，软件将键盘输入码转换成文字信息的数字化编码，存储到计算机里。国家标准化委员会制定了计算机信息交换汉字编码字符集（基平集）（GB 2312–1980），使汉字的数字化有规可循。在文字的计算机编码中，用 16 位二进制最大可以为 65536 个汉字编号，以便进行汉字信息处理。为了在计算机上显示、输出文字，还要把文字的外形（字形）转换成数字信息，制作成数组字库。文字编码标准和字形数字化奠定了计算机文字处理和信息交流的基础。

计算机图形是用节点、控制点、参数来表示的，用二进制编码存储与图形相关的节点、控制点、参数，即可方便地存储和处理图形信息。

印刷复制中的传递过程如图 3–5 所示。

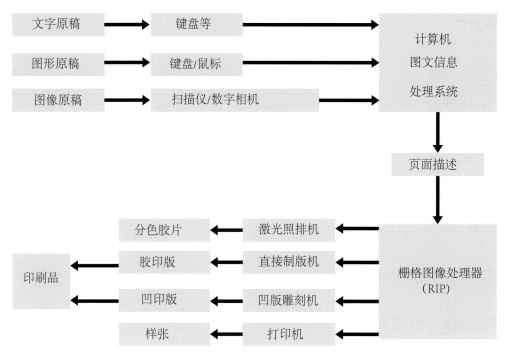

图 3-5　印刷复制中的传递过程

七、图像分色

（一）分色原理

原稿上包含各种颜色的信息，这些颜色信息通过红、绿、蓝滤色镜后被分解成三种颜色信号。原稿上某一颜色的红光信息通过红滤色镜，该颜色的绿光信息通过绿滤色镜，该颜色蓝光信息通过蓝滤色镜。每一种颜色信息的强弱变化对应着原稿上该颜色含量的多少。颜色扫描仪就是通过这样的方法将彩色图像采集到计算机里的。用数字量表示红、绿、蓝三种颜色的比例大小，若将这三种颜色对应的信息比例计算转换成网点百分比，再将这个网点百分比记录在感光胶片上，就得到了三张分色片，这三张分色片记录的信息就对应着印刷时青、品红、黄三种彩色油墨的墨量。红绿蓝三种滤色镜的光谱特性如图 3-6 所示。

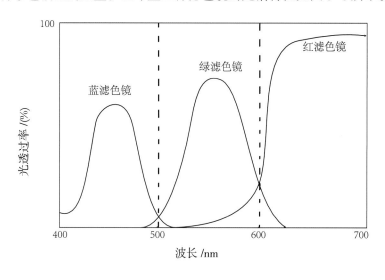

图 3-6　红绿蓝三种滤色镜的光谱特性

（二）分色方法

颜色分解的方法有三种，即在图像输入阶段的分色、在图像处理阶段的分色和在图像输出阶段的分色。

1. 扫描分色

在图像扫描过程中，将原稿上的各种颜色转换成 CMYK 数据，得到 CMYK 模式的图像。

2. 图像处理软件分色

在图像处理软件中，将 RGB、Lab、灰度模式的数字图像转换成 CMYK 数据，得到 CMYK 模式的图像。

3. 输出 RIP 分色

在栅格图像处理过程中，将页面中的图像数据转换成 CMYK 模式，用于印刷图文输出。

（三）灰平衡

1. 灰平衡曲线

灰平衡是指黄、品红、青三色版按不同网点面积配比在印刷中生成中性灰。印刷时以适当比例的三原色油墨得到从高光到暗调不同深浅的灰色。当各阶调都能达到灰平衡时就得到了一组三原色油墨的灰平衡曲线。灰平衡曲线图如图 3-7 所示。

灰平衡曲线图表示了两个内容：一个是达到灰平衡时三原色油墨的比例，另一个就是各阶调灰平衡时所形成灰色的密度值。图中三条曲线分别代表三种原色油墨印刷到纸张上可以得到灰色时的网点比例，从曲线上可以看出，实际油墨并不是等量混合就能形成灰色，而是要以不等量的比例来混合。

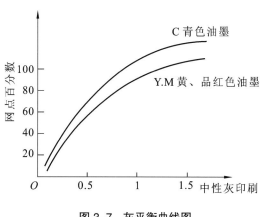

图 3-7　灰平衡曲线图

2. 灰平衡调整

在用彩色油墨印刷非彩色时，要根据灰平衡与等效中性灰密度原理，用适当比例的黄、品红、青三原色印刷，否则印刷出来的灰色就带有彩色的成分。这个比例又称为灰平衡数据。对不同的油墨印刷在不同的纸张上，这个混合的比例也会有所不同。灰平衡是正确复制颜色的基础，只有能用三原色正确地复制出阶调的灰色才能正确地复制各种彩色，若灰平衡出现偏差，就会引起整幅图像的色偏。因此，在对彩色原稿进行扫描时首先要确定灰平衡数据，再根据灰平衡对高光和暗调进行定标，这样才能保证扫描图像不偏色。灰平衡参考数据见表3-1 所示。

表 3-1　灰平衡参考数据
单位:%

K	5	10	15	20	25	30	35	40	50	60	70	75	80	90	100
C	5	10	15	20	25	30	35	40	50	60	70	75	80	90	100
M	3	6	10	14	17	21	25	30	40	50	60	65	72	82	93
Y	3	6	10	14	17	21	25	30	40	50	60	65	72	82	93

八、加网

（一）加网

印刷品的颜色和层次靠网点来实现。不同的制版方法使用的加网方法也不相同，照相加网是指在复制技术中，通过网屏把连续调原稿或分色片分解成可印刷的像素（网点或网穴）的过程。电子分色制版和数字印前系统采用电子加网。电子分色加网是指在电子分色机上通过网点发生器对原稿进行加网的过程，用激光束进行电子加网时亦称激光加网。数字印前系统的加网是在输出时由 RIP 完成的，每个 RIP 中都会有几种加网方法和网点形状，不同公司生产的 RIP 加网的方法不一样，不同的加网方法得到的效果也不一样。

照相制版的网点的边缘有密度过度，根据曝光量和网点边缘的密度变化来形成网点大小的变化。电子加网的网点边缘是硬边缘，没有密度的过度或过度很快。数字电子加网方法的特点是方便、灵活、网点变化多、加网质量好。

（二）加网线数

加网线数是指网点或线条等图像元素，在产生最高值方向上，单位长度的个数。加网线数用每英寸的线数（lpi）或每厘米的线数（lpc）来表示。加网线数的多少是衡量印刷品质量的重要因素之一，加网线数越大，则表示网线越细，单位面积内网点越多，图像越细腻清晰。反之，加网线数越小，则表示网线越粗，单位面积内网点越少，表现的清晰度就越差。在理想情况下所用的加网线数应足以使观察者在一定的观察距离上看不到网点大小。

常用的加网线数有 80 lpi、100 lpi、120 lpi、133 lpi、150 lpi、175 lpi、200 lpi 等。

印刷品的加网线数取决于多个因素。一是，加网线数越高，网点越小，对印刷条件的要求也越苛刻，各道工序的要求都要提高，因此，目前加网线数普遍都在 200 lpi 以下。黑色图像的网线可比彩色图像细，如黑色图像用 100 lpi，彩色图像用 80 lpi。二是，受印刷纸张的影响非常大。纸张表面平滑，加网线数可相应增加。纸张越差，表面越粗糙，加网线数就要相应降低。三是，受印刷方法的限制。一般来说，胶印达到的加网线数最高，其次是凹印，然后是柔性版印刷，丝网印刷达到的线数最低。不同印刷品所要求的加网线数如表 3-2 所示。

表 3-2　不同印刷品所要求的加网线数

加网线数 /lpi	印　刷　品	适　用　纸　张
80 ~ 100	全张宣传画、招贴画、电影海报	印刷用招贴纸、新闻纸
100 ~ 133	对开年画、教育挂图	胶版印刷纸
150 ~ 175	日历、明信片、画报、画册、四开以下的画片、书刊封面	铜版纸、画报纸
175 ~ 200	精细画册、精致的科技插图	铜版纸

（三）网点形状

网点形状是油墨印在纸张上的几何形状，它关系到印刷品表现不同图像层次时的视觉效果。最常用的网点形状有方形网点、圆形网点、椭圆形或菱形网点等。有时为了产生特殊的视觉效果也有使用线条网点、十字线网点等特殊的网点。不同类型的图像和图像的不同部分通常需要不同形状的网点。

网点形状不同，网点的扩大对阶调的再现有不同的影响。在网点搭脚时，网点的扩大会造成阶调的跃升，视觉上就会感觉不连贯。方形网点在 50% 时开始连贯。菱形网点密度跃升为两处，出现在 40% 和 60%，减轻了密度跃升所造成的阶调不连贯。网点形状与阶调再现的关系如图 3-8 所示，圆形、

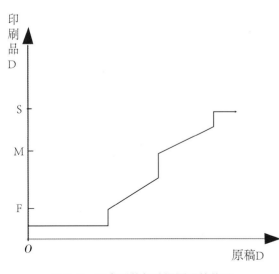

图 3-8　网点形状与阶调再现的关系

方形网点的连接如图3-9所示。

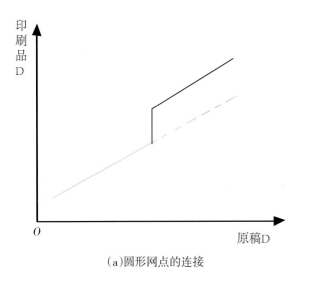

（a）圆形网点的连接

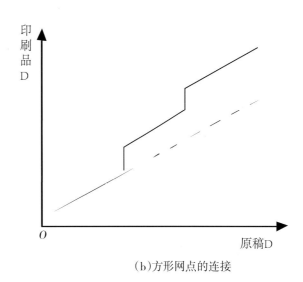

（b）方形网点的连接

图3-9　圆形、方形网点的连接

（四）加网角度

网点的行和列与水平方向所成的夹角称为网点角度。在黑白网目调中，加网通常与水平方向呈45°，此时人眼对网点的视觉效果最好。因此在单色印刷时，网点角度应为45°。在双色印刷时，两色之间的角度差为30°，两色之间的角度差为75°用于较浅的颜色，两色之间的角度差为45°用于较深的颜色。三色印刷时，三色之间的角度差为30°，三色之间的角度差为15°用于黄色或其他一种浅色，三色之间的角度差为75°用于品红或其他中等色，三色之间的角度差为45°用于青色或其他深色。这样既可以避免不同的颜色相互叠印在一起，又可以避免不同方向的网点相互干扰而产生干涉条纹，光学上称为莫尔条纹，印刷行业称为龟纹。

如果网点角度选择合适，各色版网点叠印出来的花纹比较美观，对视觉干扰较小。随着网点角度差变化，其视觉效果不同。理想的情况是每种色版之间相隔30°角度差。但在90°的范围内，30°角度差只能安排三种颜色，还有一种颜色只好用15°角度差。黄颜色最浅，最接近白纸的明度，又称为弱色。青、品红和黑色油墨引起的视觉比黄颜色强烈，又称为强色。一般将青、品红和黑三个强色版安排为30°角度差，将黄色版安排为15°角度差。45°角的网点在视觉上产生的感觉最舒服、最美观，画面最主要色版应选择45°角度。另外两个强色则分别占有15°、75°角度，黄版0°或90°，使各色版间的网点角度差趋于合理。四色版角度如图3-10所示。

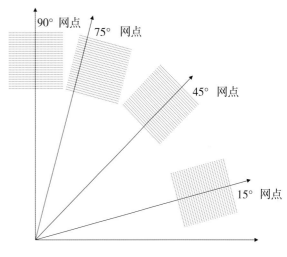

图3-10　四色版角度

第二节
版面印刷与印前工艺设计

一、版面印刷设计的内容与程序

现代版面印刷设计的程序是指按照既定的设计步骤和方法进行操作，程序是一个决策的过程。设计程序体现了系统论的科学性和严密性，用系统论的方法对版面进行全方位的思考，使版面内部设计要素与外部相关联的条件有效地组成一个有机的整体直到预期的效果。

现代版面印刷设计的内部设计要素是指形态、大小、创意、图形、构图、色彩、文字、商标、表现技法等设计构成方式及构成要素的搭配关系。版面设计的外部条件是指产品、企业的状况、材料、印刷工艺、产品的市场生命期、信誉度、市场占有率、消费对象、同类产品的情况、营销手段、社会背景、环境的影响，等等。程序中的设计调研和收集资料是属于外部条件，而设计展开（创意、构图、评审、表现等）是内部条件，前者是后者决策创意的依据和条件。只有对外部的条件做周密的调查、分析才能找准设计的突破口和准确的定位。

版面印刷设计程序为：命题（题目）—设计调研、收集资料—制订方案—设计展开（创意、构草图）—设计表现—实施。按"程序"的要求，现代版面印刷设计是一个需要群体共同努力工作的过程。这里包括企业负责人以及推销人员的参与，设计部门的信息员、工程技术人员、摄影师、计划员和设计师等共同协作，使设计达到最佳的效果。设计师作为设计的总策划，在设计中起着主导的作用。

二、设计原稿

设计师经过市场调研之后，对所要设计的产品及与之相关的生产、销售都会有明晰的印象，这给版面设计打下了良好的基础。设计者在设计之前要考虑产品的市场共性及人们习惯接受的视觉样式和色彩的定位，考虑产品在群体中的个性，突出自己的特点，以高品位的特征而突显自身。只有符合其共性，又具有自身独立个性的优秀版面印刷设计，才能在众多的产品中脱颖而出，成为销售的亮点。

在确定设计思路之后，设计师就要创作多幅草图，每幅草图要具有新的视点、新的创意，只有这样才有利于从中选出优秀的符合市场需求的设计构思。

设计稿经过自我评定修改以后，设计草案就确定了，此草案交客户审查后，由企业组织有关方面的专家对草稿进行论证，然后根据各方面对草图的意见加以修正，直至设计方案得以通过完稿，最后制作出彩色效果图，在交客户认可后才算完成了设计任务。

三、原稿准备

原稿是印刷复制的基础和依据，扫描输入之前，应根据原稿的品质状况、创意设计的需要选择合适的原稿。

（一）原稿质量要求

要想得到高质量的复制品，原稿首先要标准化。根据印刷特点，标准原稿除了应具备洁净、无斑纹、无划痕、几何尺寸稳定等常规要求外，还应该具备下列几点要求。

（1）原稿的密度范围在 0.3~2.5 之间，高、中、低调层次丰富。印刷用彩色反转片的最低密度<0.3，中密度值<2.6 的各梯级应齐全。

（2）画面色彩平衡、丰富，即有较多的可辨认的颜色浓淡梯级变化数量，高、中调部分的层次梯级应完整、丰富。

（3）图像清晰度高，人眼目测时应能观察到丰富的细节层次，颗粒细腻，图像质量较好。

（4）彩色反转片对被摄物体的色相、饱和度和明度还原基本一致。原稿的中性灰区域经红、绿、蓝滤色片测得的密度值之差不大于 0.03。

（二）原稿选择

在标准光源下，一般通过目测观察，即可鉴别原稿的优劣。适用的原稿一般都符合密度范围适度、层次丰富、颗粒细腻、清晰度高、图面干净清洁、不破损、色彩平衡、放大倍率不超过 4 倍等，这类原稿经简单加工即可应用于印刷复制。不适用的原稿一般都有肉眼可清晰观察到的层次、色彩偏差及无法去除的污渍、划痕、霉点等，或者有原稿尺寸过小、放大倍率过大等缺陷，这类原稿应放弃使用。还有一部分质量中等的原稿，一般有清晰度差、发虚、偏色、反差过大、调子过闷、过薄等缺点，不太符合标准，须经过大量修正和加工后才能应用于印刷，且印刷复制后的质量难以保证，这类原稿应根据实际情况慎重使用。

1. 原稿分析

1）原稿质量分析

原稿的质量直接影响图像复制的效果，因此，对原稿应注意下面五个方面的质量问题。

（1）原稿的密度范围。原稿密度范围，是指原稿中最低密度和最高密度的差值。目前印刷品可达到的最大密度值为 1.8。原稿应有一个适应于制版印刷的密度范围。如果原稿的密度范围过大，扫描仪在输入时对超出密度范围部分的反应灵敏度下降，会减少层次。根据实践，原稿的最佳密度范围为 0.3~2.1，即反差为 1.8 最为合适。一般的彩色反转片原稿密度差应控制在 2.4 以内，复制时进行合理压缩，效果也较理想。若原稿反差大于 2.5，即使复制时进行阶调压缩，也会造成层次丢失过多，并级严重，效果欠佳。

（2）原稿的偏色性。原稿的偏色通常有整体偏色、低调偏色、高调偏色和高低调各偏不同的颜色（即交叉偏色）等几种情况。要求原稿中性灰处于滤色片之间的密度差值小于 0.2，且纠正时要进行整体综合考虑。

（3）原稿的层次。正常原稿的层次应具备整个画面不偏亮也不偏暗，高、中、低调均有，密度变化级数多，阶调丰富。不要出现偏"薄"、偏"平"、偏"厚"、偏"闷"等问题。

（4）原稿的颗粒度和清晰度。原稿清晰度、颗粒度决定了图像的感官质量，对其放大倍率的大小也有影响。正常原稿应清晰自然，颗粒细腻。

（5）原稿的放大倍率。原稿复制过程中，如需要进行放大，放大倍率应控制在 3 倍以下，过分放大会影响图像的质量。

2. 原稿特点分析

扫描前应先仔细分析原稿，注意原稿图像的色调层次、颜色冷暖、清晰度、对比度、质感等，还要注意原稿尺寸和将来印刷输出尺寸之间的缩放倍率，高倍率放大也会影响印刷品的图像质量。扫描前对原稿进行全方位的分析，可以做到胸中有数，扫描时就可以有的放矢地采用相应的参数设置进行调整，并逐步建立起针对不同原稿的特性扫描曲线来提高扫描分色质量。对非适用原稿进行修正或加工，而对不能复制的原稿要及时更换，保证原稿颜色信息清晰而准确地再现。

四、原稿和格式参数设置

(一)原稿类型(Type)

进入扫描仪控制界面后,首先根据原稿的类型选择扫描形式,扫描反射原稿时要设置成反射类型(Reflection),扫描透射原稿时选择透射类型(Positive Transparency)进行扫描。

(二)图像模式(Mode)

从 Mode 列表中根据原稿形式选择扫描模式,通常有彩色 CMYK、彩色 RGB、灰度、黑白二值等模式。彩色原稿扫描通常指定为彩色 RGB 模式;扫描图像用于印刷时,可指定彩色 CMYK 模式;灰度模式可以从黑白原稿建立灰度图像,或从彩色原稿建立灰度图像,最终扫描时只得到一个色版;指定使用黑白二值模式时,原稿被扫描为只有黑、白两种像素,即二值图像。

(三)预视格式(Format)

扫描软件提供有几种标准格式,有单个预视或多个原稿的预视状态供选择,也可对格式进行自定义。

(四)介质(Media)

从介质清单中可指定介质类型,即原稿是正片还是负片。对多重预视而言,如果原稿既包括正片,也包含负片,则可按数量多的原稿指定,然后在预视扫描后选择正确的介质。

(五)平滑(Smooth)

在下面两种情况时需要进行一定程度的平滑处理。

(1)印刷品原稿的扫描。为避免出现龟纹,采用一定量的平滑处理功能,可使原稿上的网点模糊,但不致引起图像质量的明显降低。

(2)原稿中的线条在扫描后可能会出现锯齿,为此可选择 Anti-alias(抗混叠)项降低边缘像素的对比度,从而使线条边缘等光滑并融合到背景中。

平滑选项包括三种:其中选择"None"不产生平滑效果;选择"Descreen1 到 Descreen10",会以不同程度消除印刷品原稿的网点图案;选择"Anti-alias Normal 与 Anti-alias Strong"可以按照正常程度或强烈程度平滑原稿线条的边缘。平滑处理的实际效果在最终扫描结果中可以看到。

五、原稿参数设定

(一)原稿内容设定(Smart Set)

根据原稿的内容,如珠宝类、金属类、室外风景类、人物类进行设定,扫描时软件可以采用响应的参数表格进行处理。扫描人员也可以按照自己的要求定义参数表格,并存储起来,在扫描原稿相似时再调用该参数表格。

(二)黑白场、层次、颜色、锐化的参数设定

黑白场(End Point)、层次(Gradation)、颜色(Color Table)与锐化(Sharpness)对不同的原稿设有相对应的参数表格。只要选定原稿类型,黑白场、层次、颜色、锐化就采用对应的参数表格进行设置。黑白场、层次、颜色、锐化等操作项目可以改善图像的明暗、色彩、层次等指标的质量,可对图像质量进行弥补

和修正。例如：可以给原本不太清晰的原稿和需要在扫描过程中放大尺寸的图像添加锐化滤镜，提高图像的清晰度，也可以在扫描印刷品原稿时添加有柔化功能的去网滤镜，消除图像的网点和龟纹，使画面细致柔润，这些是为提高图像质量而进行的人为干预。

第三节
印前图文信息输入

整个印前工艺流程可分为图文输入、图文处理和图文输出三大部分。其中图文信息输入是印前工艺的第一阶段，也是最关键的一个阶段。若想保证印刷品的文字信息正确无误，图形图像信息轮廓清晰、色彩准确，就必须在该阶段处理好各种原始信息，这样才能保证后续工序的准确性，制作出高质量的印刷成品。

目前输入阶段的常规做法是，先通过扫描仪、数字照相机等输入设备将原稿的图像数据采集并输入计算机中，在计算机中录入需要的文字内容，利用高效的印前处理软件进行处理。

一、原稿的类型及输入特点

（一）原稿的分类

原稿是指印前处理所依据的事物或载体上的图文信息，是印刷过程中不可或缺的元素。印刷企业通过对原稿的扫描分色、图文排版、组版、晒版、印刷等一系列生产过程，最终得到印刷成品。所以，原稿是印刷复制的基础和依据。为保证印刷成品的质量，在正式输入前先要获得所需的高质量原稿。

原稿种类较多，不同原稿要按不同的方式进行输入处理，所以，了解原稿的分类是很有必要的。原稿的分类标准也很多，通常可按内容、载体透明的特性、色彩、形式、图像反差等不同标准进行分类，一般将其分为四类：反射原稿、透射原稿、电子原稿、实物原稿。

1. 反射原稿

反射原稿是以不透明材料为载体的原稿，通常采用反射方式进行观察，分色时光源照射正面，用原稿的反射进行分色处理。这类原稿反差小，密度范围一般只有 1.4 左右，亮调密度在 0.1~0.3 之间，暗调密度在 1.5~1.7 之间，用原件直接分色质量最好，不适宜反复进行二次翻拍或处理。

2. 透射原稿

透射原稿是以透明材料为图文信息载体的原稿，通常采用透射方式进行观察，分色时光源在原稿背面照射，用透射光进行分色。透射原稿比较多，如黑白或彩色拷贝正片、负片、反转片等，通常可以作为原稿使用的透射稿有两种。

（1）黑白或彩色反转片：是经拍摄、二次曝光、二次显影及漂白和定影而成的，是透明的、呈现正像的胶片，四周边框则是不透明的浓黑色。黑白反转片可以获得与被摄体明暗一致的影像；彩色反转片可获得与被摄体相同色彩的影像。反转片层次宽容度较小，但色彩真实，有高质量的正像效果，是印刷制版界应用范围最广的一种透射原稿，专业摄影师拍摄的广告片大都使用彩色反转片。

（2）黑白或彩色拷贝正片：由彩色负片拷贝而成的正片，阶调层次是正的，边框多数是透明的。它的质量不甚理想，颗粒较粗，层次并级，因此，应慎重使用。

3. 电子原稿

电子原稿也称数字式原稿，是近年来随着计算机技术的普及而兴起的一种原稿形式，并且越来越受到人们的青睐。之所以称其为数字式原稿，因为这类原稿是以数字形式存储在计算机硬盘、光盘、各种磁盘等载体中的图文信息资料。

在传统印前工艺中，原稿都是可以看得见摸得到的直观信息，随着科技的进步，以及人们对印刷技术要求的不断提高，信息源将不再仅限于传统的"原稿"范畴，甚至不再局限于纸质媒介等传统载体，而包含了来自不同渠道的图像、文字和其他形式的信息。从信息的形态来看，目前，数字式信息获得的途径主要有以下几个方面。

（1）文字处理机编排的文件，创意设计系统制作的数字原稿。

（2）通过网络传输的图像及文字资料。

（3）数字照相机获得的图片。

（4）由专业人员制作、已存储在磁盘、光磁盘、CD-ROM光盘和Photo-CD上的数字光盘图像，其他数字式或可数字化的图像。

（5）遥测遥感图像，视频捕获卡从动态影像中捕获的数字图像。

数字式原稿可以直接进入计算机系统进行后续工序的处理，基本省略了输入阶段的操作环节，只需采取一定方法将文件接收即可使用，省时省力、易于保存，将成为未来原稿的主流形式。

4. 实物原稿

在印前制版过程中，有时也会直接使用一些实物资料作为原稿，即以实物作为复制对象。实物原稿特指位于三维空间、有立体感的原稿。事实上，厚度适中的实物都可作为实物原稿使用，比如画稿、织物、包装盒甚至是树叶、花瓣、布料、木版、手表等。印刷原稿分类见表3-3所示。

表 3-3　印刷原稿分类中华人民共和国行业标准——印刷原稿分类

代码	分　类	说　明	实　例
000	原稿	制版所依据的实物或载体上的图文信息	
100	反射原稿	以不透明材料为图文信息载体的原稿	
110	反射线条原稿	以不透明材料为载体，由黑白或彩色线条组成图文的原稿	照片、线条图案画稿、文字原稿等
111	照相反射线条原稿	以不透明感光材料为载体的线条原稿	照片等
112	绘制反射线条原稿	以不透明的可绘画材料为载体，由手工或机械绘（印）制的线条原稿	手稿、图案画稿、图纸、印刷品、打印稿等
120	反射连续调原稿	以不透明材料为载体，色调值呈连续渐变的原稿	照片、画稿等
121	照相反射连续调原稿	以不透明感光材料为载体的连续调原稿	照片等
122	绘制反射连续调原稿	以不透明的可绘画材料为载体，由手工或机械绘（印）制的连续调原稿	画稿、印刷品、喷绘画稿、打印稿等
130	实物原稿	复制技术中以实物作为复制对象的总称	画稿、织物、实物等
200	透射原稿	以透明材料为图文信息载体的原稿	
210	透射线条原稿	以透明材料为载体，由黑白或彩色线条组成图文的原稿	照相底片等
211	照相透射线条负片原稿	以透明感光材料为载体，被复制图文部分透明或为其补色的线条原稿	黑白或彩色负片、拷贝片等

续表

代码	分　类	说　明	实　例
212	照相透射线条正片原稿	以透明感光材料为载体，非图文部分透明的线条原稿	黑白或彩色负片，拷贝等
213	绘制透射线条原稿	以透明材料为载体，由手工或机械绘（印）制的线条原稿	胶片画稿等
220	透射连续调原稿	以透明材料为载体，色调值呈连续渐变的原稿	照相底片等
221	照相透射连续调负片原稿	以透明感光材料为载体，被复制图文部分透明或为其补色的连续调原稿	彩色、黑白照相负片等
222	照相透射连续调正片原稿	以透明感光材料为载体，非图文部分透明的连续调原稿	彩色、黑白照相反转片等
300	电子原稿	以电子媒体为图文信息载体的原稿	光盘图库等

二、图文信息的输入

各种类型的原稿，都要经过信息输入，转换成计算机可以识别和编辑的数字信息，才能进行后续印前操作。图文信息输入的手段非常多，采用的输入设备和原理也各不相同，通常按照原稿信息性质的不同分为以下三种输入方式。

（1）文字信息输入：文字信息输入一般采用计算机键盘直接输入，也可根据需要选择手写输入或语音输入、扫描输入等。

（2）图像信息输入：图像信息的输入是采用扫描输入。目前也较多采用照相机等设备进行图像的识字化获取。

（3）图形信息输入：图形信息的输入一般采用图形制作，或采用数字化仪等硬件设备输入各种图形信息。

第四节
印前图文设计及处理

在不同载体上的原稿信息，经过复杂的输入环节转换为数字格式后，就可以进入计算机系统进行处理了。图文信息处理阶段的主要目的是根据印刷复制的要求对图像文件进行处理和创意加工，对图形文件进行编辑处理或重新绘制，对文字内容进行格式编排，使输入的所有原稿数据均能符合印前制版的要求。然后，将图像、图形和文字按照印刷复制的要求进行组合和编排，使之成为格式规范、内容完整的整页图文信息。这就是在印前图文信息处理阶段要完成的所有工作。

一、印前图像信息采集

印前图像信息采集是印刷中有丰富阶调层次变化的信息表现形式。印前工艺流程中一项重要的工作就是进行图像信息的输入。图像信息输入的主要操作对象是一些照片、透射稿、画稿等。图像输入质量的高低直接影响到最终印刷的质量。如果有好的原稿，但输入的质量较差，即使用最好的印刷机来印刷，也无法保证原稿的高质量还原和再现。图像信息输入的关键是保证原稿的颜色、层次、清晰度的完美再现。图像信息的输入途径较多，主要是通过扫描仪、电分机或数字照相机等将原稿转换成数字信息。

二、位图图像信息的特点及格式

（一）位图图像信息的特点

1. 位图图像

在计算机中，图像以数字形式被记录、处理和保存，如果将图像画面不断放大到一定极限时，就会发现，图像其实是由一个个很小的位于网格上的像素点组成的，所以被称为位图图像，又称为点阵图或栅格图。在位图图像上，不同位置的像素点呈现出不同的明度和颜色，以矩形阵列样的结构密布在一起，组成完整图像。或者说，位图图像实际上是一些不同颜色的矩形点的集合。在处理位图图像时，编辑的其实是像素，而不是对象或形状。位图图像是连续色调图像最常用的数字形式，可以表现层次细腻的颜色过渡和丰富的明暗阶调，如照片或扫描图片等。

2. 位图图像的特点

位图图像与分辨率有关，每幅图像在单位尺寸内都包含固定数量的像素，每个像素都分配有特定的位置信息和颜色值。计算机记录和处理的是组成图像的每一个像素的位置、色相、明度、饱和度信息。因为位图图像在屏幕上缩放时会因记忆的不延续性而丢失细节，所以位图图像以原图形的大小来显示，或以过低的分辨率打印输出时，则可能会呈现锯齿状边缘，因为此时像素的大小被人为地改变了，造成了细节的遗漏。为避免出现模糊或锯齿，位图图像不能反复放大或缩小。

（二）位图图像文件的格式

各种图像处理软件都以独特的方式处理图像，并按特有的格式存储图像，图像格式是指计算机表示、存储图像信息的数据格式。

可以进行图像处理的软件比较多，但最好、最专业的图像处理软件是 Photoshop。Photoshop 处理文件的特有格式是 PSD 格式，也是处理图像时的默认格式，以这种格式编辑图像时，可以很方便地应用各种图层效果，很容易进行图像编辑和修改。但以这种格式存储的文件占用的硬盘空间非常大。以一幅大度 16 开的页面为例，它的尺寸为 21 cm×28.5 cm，按一般彩色印刷品的加网规律，这类图形的分辨率应设置在 300 像素/英寸左右，如果画面上有多个图层的话，它占用的硬盘空间将会达到 20~30 MB。另外，以这种格式制作的图像文件很难被其他图像处理软件调用，不方便与其他相关软件兼容，所以，一般的软件都会设置很多种文件格式以方便选择。以 Photoshop7.0 为例，其提供的文件格式多达 16 种，这些格式中，有些是方便跨平台操作的，有些是用于不同软件之间进行交换的，还有一些不能通用，但具有特殊的性能，比如某些用于文件压缩的格式等。

三、矢量图形信息的特点及格式

（一）矢量图形

图形由经过精确定义的有方向性的直线和曲线组成，这些直线和曲线称为向量或矢量，所以，图形又被称为矢量图形。在矢量线条圈定的范围内还可以填充无阶调变化或有简单阶调变化的色彩。编辑时可以自由地移动线条、调整线条大小或者更改线条的颜色，而不会降低图形的品质，在缩放到不同大小时仍然保持线条清晰。所以，矢量图形最适合表现醒目的图形、标志、徽标等。

（二）矢量图形的特点

图形文件占用计算机资源很小，处理速度比图像快。矢量图形与栅格化的位图图像不同，它记忆和处理的不是图形的单个像素，而是一个完整的对象或对象组合，对这些对象进行处理和改变是通过定义它们的属性实现的。比如矢量轮廓线的属性、矢量填充的属性、不同矢量对象的组合属性等，这些改变在计算机内部都是通过改变数学描述公式的方式实现的，因此处理的速度很快。

四、印前图像的设计与处理

在传统印前阶段，图形的处理与文字的编排不在同一设备下完成，它们分别由不同的设备制作并输出成胶片，再按照印刷需要的版面形式手工拼合在一起。现阶段，对图像和文字的编辑处理工作都由计算机完成，文件和图形、图像和文字的编辑处理工作都由计算机完成，文字和图形、图像可以任意排列组合成整幅页面。图文信息处理的主要作用就是对文字进行排列、对各种图像信息进行处理，并编辑制作所需的图形信息，最后将它们按印刷复制的要求组合在一起，形成适合印刷输出的完整页面信息。

（一）文字及其处理

1. 文字

文件由在数学上定义的形状组成，这些形状描述了基于某种字样的字母、数字与符号的样式。计算机上使用的字库都是基于某种格式标准建立的，最常用的格式有 Type1（又称 PostScript 字体）、TrueType、Open-Type 和 CID。PostScript 字库的主要特点是可以精确地描述和绘制字形，在平滑性、细节和忠实性方面表现较好，且使用方便、输出速度较快，但字体花样较少、缺乏变化、比较呆板，因此主要被应用于后端环节。如激光打印或 RIP 软件中 TrueType 是轮廓字体的标准，最大优点是可以把字体轮廓转换成曲线，进行变形、颜色填充、制作特效等处理，其主要用于前端排版显示和处理，但打印输出质量不如 PostScript 字库好，输出时需要在 RIP 软件中进行转换。

在图像制造软件或组版软件中输入的文字，通常都是矢量性质的字体，可以任意缩放字号进行处理而不会影响输出质量。

2. 文字的处理

在图文信息处理阶段，文字处理主要是进行字体格式、段落排式的设置，以及图文混排时的版式设置。文字信息的处理大部分在 Adobe In Design 或 QuarkXPress 等排版软件下进行，而图形图像软件中则可以制作各种特效字。

文字在页面上的外观取决于交互式或批处理式排版技术。有单行书写和多行书写的编排方式，使用设定的字间距、字母间距、字符间距和连字符连接选项，评估并确定最佳的换行方式，形成有排式的段落文本。文字处理软件度量或描述字符特征时通常是以"磅"为单位。文字的格式设定，主要包括行间距、字符间距、段落间距、文字缩进、图文绕排设置等，如果对一整段文字的格式进行了设定，那么后面输入的文字就会沿用这些设置。

（二）图形及其处理

1. 图形

图形是一些关键点的坐标、直线或曲线按一定的数学描述形成的对象，构成图形的要素有两个：一是用来刻画形状的点、线、面、体等几何要素；二是用来反映色彩、明度、肌理等属性的非几何要素。

在图形制作软件和组版软件中，图形是完全以数学描述公式来表达、生成和处理的，图形的修改要在形状参数和属性参数控制面板中，通过参数的修改来实现。以前，利用图形制作软件制作的图形变化较少、单调、形式感差、美观程度也达不到要求，现在比较先进的图形制作软件都新增了许多交互功能，增强了图形的真实感，一改过去冷冰冰的几何形象，色彩与肌理的变化更加丰富。

现在，图像处理软件的图形制作功能也在增强，图像处理软件中处理的图形是以点阵图方式进行显示，但通常会保留矢量化的轮廓线，可以继续按矢量化进行修改。

2. 图形的处理

印前流程中的图形处理主要是根据排版的要求，对图形进行边缘细化、定位、缩放、旋转等编辑处理。最好的方法是参照原稿格式在图形处理软件中重新绘制一遍，因为图形一般是没有层次过渡或层次过渡非常简单的形状体，色彩变化比较简单，但轮廓的形式感却很强。边缘的清晰再现和色彩层次过渡的纯净感是图形处理追求的目标。

在输入图形文件时，有几种比较典型的输入方式。如果是采用扫描输入，那么形成的数字文件其实就是一个图像，则扫描及处理的方式都可按图像形式进行，扫描输入的图像可以作为一幅"底图"使用，通过矢量软件进行重新绘制。如果是采用数字化仪输入，则输入的数据直接就转换成了矢量图形，可以按照一般矢量图形的处理方式进行相应编辑。

（三）图像及其处理

1. 图像

图像由无数个最基本单元——像素组成。它以忠实列举出组成图像的所有像素点的信息的形式来表示自然界中的具体景物。主要展现物体由哪些像素点构成，以及这些点所具有的颜色、明度、对比度信息。图像处理阶段，需要将图像信息校正处理成新的数字化图像，这些处理的实质都是像素点的重新分布和改变。

2. 图像的处理

图文信息处理阶段要做的主要工作就是处理好图和文的关系。现在，在计算机中进行文字编排是一件很简单的事，而对图的处理就相对复杂得多。

五、印前图像色彩的控制与管理

（一）色彩管理的意义

来自不同厂家的设备组合在一起，各种设备都有自己独特的一套识别、观测和处理色彩的技术，包含着不同的色空间。例如，输入设备、显示和处理设备采用 RGB 色空间，打印、打样、印刷各种输出设备使用 CMYK 色空间。在不同类型设备之间颜色信息的转换容易出现差错，无法保证系统之间的色彩转换保持色彩的一致性。图像色彩的质量控制是至关重要的。

色彩管理的目标是要在整个印刷过程中对色彩传递进行精确的控制与管理，真正做到色彩的再现与所使用的设备无关，即相同的色彩数据，用任何系统输出，都会获得相同的色彩效果，最后达到理想的色彩复制效果。

（二）色彩管理系统

色彩管理系统（CMS）是能解读各硬件的 ICC 文件并进行相关处理的体系。

1. 色彩管理系统的结构

色彩管理系统的基本结构由三部分组成：与设备无关的颜色空间，又名颜色参考空间；用于描述设备颜色特征的特性文件，又称配置文件；色彩管理模块，也称为色彩匹配方式。

2. 色彩管理系统的内容

色彩管理系统的内容主要包括以下三个环节：设备校准、设备特征化、色彩转换。

（1）设备校准：又名设备定标，是指按照设备工作参数对设备进行调整的标准过程。

（2）设备特征化：又称为特征描述，是指确定输入及输出设备的颜色范围，建立相应的设备色彩特性描述文件的过程。所形成的特性文件作为进行设备间色彩交流的依据。

（3）色彩转换：是在经过定标与特征化后的设备之间进行色空间转化以达到最佳色彩匹配的过程。色彩转换操作是根据不同颜色在不同色空间之间一一对应的映射关系，把某设备色空间中的色彩转换到另一个已知条件下的色空间中去。

3. 色彩管理系统的工作流程

（1）输入阶段：对扫描仪做校正和特征化，建立扫描仪的色彩特征描述文件，依据特征文件将输入图像的 RGB 值转换到标准色空间。

（2）显示和处理阶段：计算机对显示器做校正和特征化，建立显示器的色彩特征描述文件，依据特征文件将图像色彩转换到标准色空间。

（3）输出阶段：对输出设备进行校正和特征化，建立输出设备的色彩特征描述文件，依据特征文件把图像 CMYK 网点转换到标准色空间。

通过各种方式校准输入、处理、输出设备，并通过各种 ICC Profile 特征文件控制扫描、分色、图像处理、输出的质量后，色彩管理系统就开始发挥作用，原稿的色彩就可以自由而准确地在各设备间进行转换。

六、图像色彩校正

图像色彩校正可以调整图像的色彩平衡，纠正色彩偏差或校正过饱和和欠饱和的颜色。色彩校正要以符合人的视觉要求为原则，综合考虑固有色、环境色、记忆色等因素，尽可能保留图像中正确的色彩细节不受干扰。

（一）常规色彩校正方式

在印前图像处理过程中，常用的色彩校正工作有以下几种。

1.“色阶”命令

“色阶”对话框允许通过设置单个颜色通道的像素分布来调整色彩平衡，并且还可以区分亮、中、暗调进行分别调整，所以是常用的色彩校正方式之一。色彩调整有两种。一是忠实复制的校正方式，即校正白色为白色、灰色为灰色的校正方式。以这种方式进行色彩校正时，要选择画面上应该呈现中性灰部位的色彩，观察其色彩偏差的起因，然后在“色阶”对话框中选择出现偏差的单个或多个通道，进行相应的色彩减少或补偿，以达到正确传达色彩信息的目的，这也是印刷校正的常用方式。二是带有创意性质的校正方式，可以根据设计者的个人意愿，进行大幅度的色彩改变。

2.“曲线”命令

“曲线”对话框也许以单调通道调整的方式校正图像的色彩偏差，其原理与“色阶”方式一致。但以“曲线”方式校正色彩时，调整的是 0~255 阶调范围内的任意一点，所以效果变化非常细腻。同时，在对角线内还可以添加多个控制点，进行参数的锁定，这样就可以保证在进行大范围的色彩校正时，使锁定的点不被改变。例如，如果要校正中间调部分存在的色偏，同时尽量减少对高光和暗调的影响，则可在曲线内的 1/4 处和 3/4 处添加控制点。

3.“可选颜色”命令

“可选颜色”是一种高级色彩校正方法，它调整单个颜色成分中印刷色的数量。“可选颜色”校正原本是高端扫描仪和分色程序中使用的一项技术，可在图像的某个原色中增加或减少印刷色的量，而不会影响其他原色。例如，使用“可选颜色”校正，可以显著减少图像绿色图案中的青色，同时保留蓝色图案中的青色不变。使用"可选颜色"校正，既可以校正 CMYK 颜色图像，也可以校正 RGB 图像。

（二）特殊形式的色彩调整

前面介绍的各种校色命令在对图像进行色彩校正时，参数通常都只能进行很小幅度的调整，以免会发生二次色偏。如果根据设计和创意的需要，要对当前图像进行较大幅度的调整，使它直接改变原来的样貌，变成一幅外观彻底不同的图像，则可以将以上命令的参数进行大幅度的改变，通常会出现意想不到的特殊的随机效果。还可以使用"色彩平衡""变化""可选颜色""色相/饱和度"等命令，对当前颜色进行较大幅度的改变，实现富有创意的颜色调整，这是用其他颜色调整工具不易实现的。在 Photoshop 中还有一类色彩调整命令可以对图像进行特殊的调整，使画面产生翻天覆地的变化。比如"去色""反相""色彩均化""阈值"以及"色调分离"等命令，可以大范围地更改图像中的颜色或亮度值，甚至可以将黑白倒转，它们通常用于增强和产生特殊效果，而不用于校正颜色。

七、图像的锐化与去网

有些图像因为原稿的缺陷会出现边缘模糊的情况，扫描过程中放大的倍率太大也会出现类似的情况，这种图像应尽量避免使用。如果因故必须使用时，则应在扫描时做锐化处理，提高图像的清晰度。在图像处理软件 Photoshop 中提供类似的滤镜对图像做扫描后锐化处理，改善图像的质量。

（一）利用锐化改善图像清晰度

1. 锐化的原因

正常拍摄的质量较好的图像一般不需要做锐化处理。只有质量不太好的或在处理过程中细节受到损害的图像才需要进行锐化处理，以改善图像的清晰度。因为锐化本身也会损耗细节层次，所以利用锐化改善清晰度的手段也应慎重使用。在以下几种情况时，应该对图像做锐化处理以提高图像的清晰度。

（1）用不够清晰的原稿扫描的图像。

（2）数字照相机拍摄的图像有小的对焦误差。

（3）原稿图像需要高倍放大使用。

（4）图像经过一系列的色彩校正和阶调层次校正后，因像素的映射转换而出现细节层次模糊。

图像在 Photoshop 中，以"重定图像像素"方式对图像进行尺寸调整。

2. "锐化"滤镜

"锐化"滤镜由一组调整位置和调整强度各不相同的滤镜组成，包括"锐化""锐化边缘""进一步锐化""USM 锐化"等。滤镜原本是摄影及扫描分色中使用的技术，通过一个独立添加的附件改善拍摄或扫描的质量。锐化滤镜采用相似的技术，通过形成更强大对比度来提高图像的清晰度。

（1）"锐化"滤镜：通过增加相邻像素的对比度来聚焦模糊的图像，使图像清晰化。锐化的程度比较轻微，但不能多次应用锐化效果，否则会出现水波纹、扭曲等失真现象。

（2）"进一步锐化"滤镜：提供比"锐化"滤镜更强的锐化效果。聚焦选区。提高对比度和清晰度。

（3）"锐化边缘"滤镜：查找不同颜色之间显著变化的边缘过渡区域，进行锐化处理，使色与色之间的边界更清晰。"锐化边缘"滤镜仅锐化图像的边缘轮廓，同时保留总体的平滑度。

（4）"USM 锐化"滤镜：对于要进入印刷复制流程的图像来说，USM 锐化是更加专业的清晰度校正工具，是用于图像中边缘锐化的传统胶片复合技术。"USM 锐化"滤镜可以校正摄影、扫描、重新取样或打印过程产生的图像模糊感。在图像扫描时，可以利用"Sharp"锐化滤波器和"USM"虚光蒙版滤波器，对图像进行清晰度调整的处理。如果这项工作在扫描阶段没有做，那么也可以在扫描后，通过 Photoshop 提供的"USM 锐化"滤镜来完成。

（二）图像的去网

图像的去网主要是在扫描印刷品原稿时应用的一项技术，目的是去除原稿的网点信息，避免发生"撞网"现象。在图像处理软件 Photoshop 中也提供类似的调整项，可以对图像进行类似"去网"的处理，但一般不会太彻底，只是减淡网点。

1．"模糊"滤镜

"模糊"滤镜可以柔化选区或图像，通过平衡图像中已定义的线条和图像中清晰边缘旁边的像素，使画面显得柔和，可以处理清晰度或对比度过分强烈的区域，并能将网点像素与周围区域的像素打散融合，削弱网点的清晰度，达到将网点减淡的效果。需要指出的是"模糊"滤镜并不能真正地消除网点，只能适当地削弱网点的清晰度，如果过分"模糊"还有可能使画面清晰度降低。

其中"模糊"滤镜与"进一步模糊"滤镜可以消除图像中的杂色，减小对比度，消除色彩传递时产生的干扰，削弱网点与周围像素的反差，但这两个滤镜的模糊程度较轻，效果不太明显。

"高斯模糊"滤镜是以曲线的方式对整幅画面添加低频细节，并产生一种朦胧效果，使反差较大的区域或网点部位的像素快速模糊，削弱网点的强度，"高斯模糊"的范围非常广泛，但整幅画面的清晰度都会被削弱，所以应慎重使用。

"特殊模糊"滤镜能比较准确地模糊图像。可指定"半径"的数值，确定滤镜要模糊的不同像素的距离，还可以指定"阈值"，确定像素值的差别达到何种程度时应将其消除，还可以指定模糊"品质"和各种模糊"模式"，从而产生边界较为清晰的模糊效果，起到削弱网点的作用。

2．"去斑"滤镜

"去斑"滤镜可以消除扫描过程中产生的随机杂色，能够检测图像的边缘（发生显著颜色变化的区域）并模糊边缘外的像素，移去杂色，保留画面的细节，达到减轻网点清晰度的作用。

3．"蒙尘与划痕"滤镜

"蒙尘与划痕"滤镜，可以通过更改相异的像素来减少杂色，可以设置不同的半径与阈值，使调整在保留清晰度和隐藏瑕疵之间取得平衡，"蒙尘与划痕"滤镜是常用的消除图像瑕疵和削弱网点清晰度的工具。

4．"中间值"滤镜

"中间值"滤镜，可以通过混合选区像素的亮度来减少图像的杂色，可以搜索并查找到亮度相近的像素，扔掉与相邻像素差异太大的像素，并用搜索到的像素的中间亮度值替换中心像素。"中间值"滤镜在消除或减少图像的动感效果时非常有用，对削弱网点也有一定的作用。

八、图文的组版与拼版设计

组版与拼大版是图文信息处理阶段的最后一项内容，这个环节完成之后，就可以生成适用于输出的整体页面信息。

（一）组版

组版的目的是将文字和图形、图像信息组合到一张完整的页面上，所以又叫页面拼版。在传统制版工艺中，图文信息的形式通常表现为已经裁切好的胶片，印前工作者需要以手工方式将这些模拟图文信息组合在一起，一般是在一张拼版台上，按照版式的规定将图形、图像和文字胶片进行定位、拼贴、固着并组成整幅页面。

现在是借助桌面排版系统，将数字式的图形、图像和文字信息通过 PC 或 Mac 计算机上的软件平台，实现完全数字化的组版。常用的组版软件有 Adobe InDesign、Quark XPress、方正飞腾和方正书版等，这些软件通常都可以完成两类工作。一是可以载入各种图形、图像和文字信息，并可以进行简单的图形设计制作和图像处理。二是可以按照文字与图像、文字与图形、图形与图像或者文字与图形、图像等多种不同组合方式，将这些信息元素拼合成复杂的版面。

（二）拼大版

拼大版的目的是根据印刷品的要求把已经组合好的单个页面拼成符合印刷要求的大版。就是将所有页面（整幅的图文组版页面）按照印张版面的要求拼合在一起，所以又称为印张拼版。拼大版要着重考虑单个页面的顺序、转动方向及其准确定位等内容，并做出整体性的安排。拼大版之前，应重点分析：印刷成品所使用的折页方式和装订方式，以及单张页面在整个印刷成品中的位置；将来要使用的印刷机的类型及印刷幅面；印张的翻转方式等。还要做好各种辅助性标记，如套印标记、裁切标记、折叠标记、套准标记等。

思考与练习

1. 试述计算机图文信息处理的流程。

2. 简要概述彩色印前系统。

3. 彩色桌面出版系统由哪些部分组成？

4. 电子分色的基本原理是什么？

5. 对比阐述位图格式与矢量图格式的区别及各自的特点。

第四章

印刷方式分类与工艺流程

就纸自身而言，其并不是现代设计的产物。纸在某种意义上来说，只是一种承印材料。纸料对于广大消费者和使用者来说只有成本价值，没有附加形式，只有最基本的物质价值，没有包括文化、精神在内的综合实用价值。而现代纸品与印刷设计是加入了文化、精神、商业运作及设计师理念等诸多附加形式的产品，完成了纸从产品到商品的跨越，具有了功能性和实用性两个方面的价值。在这一过程中，设计与印刷起到了关键的作用，没有设计就没有纸的商业附加值，设计的好坏关系到附加值的大小。在我们的生活中，以纸为材料的设计品比比皆是，但到底什么是纸品设计，好像又不容易给它一个准确的定义。从广义上来说，纸品设计是作为基础造型训练的一种形式的延伸，综合了平面设计的相关门类的一种设计形式，它横跨了几乎所有常见的平面设计门类。例如，常见的以水平对开为造型形式的纸品设计到处都是，一份突破传统样式、设计完美、造型独特、外观精致的纸品设计，必定能给人留下深刻的印象。但是，一个有创意的设计理念只是成功的一半，同样重要的是对纸品印制细节的全面考虑和完美执行。

本章就印刷方式分类以及不同工艺特点等内容进行详细阐述。印版如图4-1所示，上墨如图4-2所示，印制如图4-3所示。

图4-1　印版

图4-2　上墨

图4-3　印制

第一节
印刷工艺分类

印刷的主要方法分为：平版印刷、凹版印刷、凸版印刷、丝网印刷等。包装印刷方式选择示意表见表4-1所示。

表4-1　包装印刷方式选择示意表

印刷方式	复制特点	应用举例
平版印刷	景物画面色调层次丰富、细腻、质感强，适于连续调原稿印刷品的复制，应用范围广	纸板包装、纸包装、商标、标签、标牌、画册、年历、产品样本、广告招贴等
凹版印刷	印刷墨迹厚实，图案层次清晰，适于塑料薄膜、复合材料等印刷	卷筒纸包装，塑料包装袋、复合材料包装袋等
凸版印刷	印迹墨色厚实、色彩鲜艳、轮廓清晰，适于文字线条原稿的复制	包装盒、商标、标签、包装纸、不干胶等
柔版印刷	具有饱满的墨层厚度，印刷视觉层次效果丰富、色彩鲜艳，适于各类包装印制要求	瓦楞纸、液体纸容器、纸袋、商标、标签、薄膜袋等
丝网印刷	印刷品墨层厚，色彩鲜艳，立体感和遮盖力强。适于大型广告、招贴画，能在非平面物体表面印刷	塑料、纤维织物、木材、金属材料、玻璃容器、陶瓷制品等

一、平版印刷工艺主要特点

平版印刷是由早期石版印刷而发展命名的，早期石版印刷其版材使用石块磨平后应用，之后改良为金属锌版或铝版为版材，但其原理是不变的。平版印刷由早期石印发展之后，因其制版及印刷有其独特的个性，同时在工作上也极为简单，且成本低廉，故在近代被专家们不断地研究与改进，而成为现在印刷上使用最多的方法。今天，平版印刷工艺和设备已经发展得很完善，配套的原辅材料也已完全成熟，印刷质量好，成本较低，已经被国内外印刷企业所接受。平版印刷主要用于纸基材料的印刷，在塑料薄膜上印刷则有许多局限。

平版印刷方式是由早期石版印刷转印方式发展而来，而描绘于转写纸上再落在版上成为反纹，然后印刷于纸面上为正纹。由于此种方法在印刷时所承受的压力，使本来就是平面版的平版（即印纹部分与非印纹部分均是平面的）承受了压力之后，使得沾在版面上之油墨为之扩散膨胀，而产生画线不良的现象，因此后来才改良称为"柯式印刷法"，其印刷方式是将版面制成正纹，印刷时被转印在橡皮筒上为反纹，再由反纹印到纸上为正纹，这样就可以改进印刷压力的弹性。

早期的平版印刷为平版平压型，到后来发展为平版圆压型及圆版圆压型两种，平版圆压型机器大部分使用在特殊印刷上，如校样用的打稿机等，至于在印刷纸张之类的机器则全部改良圆版圆压型。平版圆压型亦是印刷版面平放，压力部分是滚筒式的压筒，此种印刷方式很类似凸版印刷里的平版圆压机器一样。圆版圆压型则是将印刷版包裹在滚筒上称为版筒，机器上另外一个滚筒包裹有橡皮的称为橡皮筒，压力部分同是滚筒式的压筒，此种以三种基本滚筒构造的机器称之为"柯式印刷机"。

二、凹版印刷工艺主要特点

凹版印刷简称凹印，是几大印刷方式中的一种印刷方式。凹版印刷是一种直接的印刷方法，它将凹版凹坑中所含的油墨直接压印到承印物上，所印画面的浓淡层次是由凹坑的大小及深浅决定的，如果凹坑较深，则含的油墨较多，压印后承印物上留下的墨层就较厚；相反如果凹坑较浅，则含的油墨量就较少，压印后承印物上留下的墨层就较薄。凹版印刷的印版是由一个个与原稿图文相对应的凹坑与印版的表面所组成的。印刷时，油墨被充填到凹坑内，印版表面的油墨用刮墨刀刮掉，印版与承印物之间有一定的压力接触，将凹坑内的油墨转移到承印物上，完成印刷。凹版印刷是图像从表面上雕刻凹下的制版技术。一般来说，采用铜或锌板作为雕刻的表面，凹下的部分可利用腐蚀、雕刻、铜版画或"mezzotint"金属版制版法。要印刷凹印版，表面覆上油墨，然后用塔勒坦布或报纸从表面擦去油墨，只留下凹下的部分。将湿的纸张覆在印版上部，印版和纸张通过印刷机加压，将油墨从印版凹下的部分传送到纸张上。

凹版印刷墨色饱满有立体感，在各种印刷方式中，印刷质量是最好的，并且印刷质量稳定，印版寿命长，适合大批量印刷。凹版印刷作为印刷工艺的一种，以其印制品墨层厚实、颜色鲜艳、饱和度高、印版耐印率高、印品质量稳定、印刷速度快等优点在印刷包装及图文出版领域内占据极其重要的地位。从应用情况来看：在国外，凹版印刷主要用于杂志、产品目录等精细出版物，包装印刷和钞票、邮票等有价证券的印刷，而且也应用于装饰材料等特殊领域；在国内，凹版印刷则主要用于软包装印刷，随着国内凹版印刷技术的发展，也已经在纸张包装、木纹装饰、皮革材料、药品包装上得到广泛应用。同时，凹版印刷可以印刷极薄的材料，如塑料薄膜。

但是，凹版印刷制版复杂、价格高，其油墨污染环境，因此影响了凹版印刷的发展。特别是大批量印件的减少，要求低价的短版印件大量增加，使凹版印刷不断丢失市场。当然，凹版印刷也存在局限性，其主要缺点有以下几点：印前制版技术复杂、周期长，制版成本高；由于采用挥发型溶剂，车间内有害气体含量较高，对工人健康损害较大；凹版印刷从业人员要求的待遇相对较高。

三、凸版印刷工艺主要特点

凸版印刷是指使用凸版（图文部分凸起的印版）进行的印刷，简称凸印，是主要印刷工艺之一。历史最久，在长期发展过程中不断得到改进。我国唐代初年发明了雕版印刷技术，是把文字或图像雕刻在木板上，剔除非图文部分使图文凸出，然后涂墨，覆纸刷印，这是最原始的凸印方法。现存有年代可查的最早印刷物《金刚般若波罗蜜经》，已是雕版印刷相当成熟的印品。凸版印刷的原理比较简单。在凸版印刷中，印刷机的给墨装置先使油墨分配均匀，然后通过墨辊将油墨转移到印版上，由于凸版上的图文部分远高于印版上的非图文部分，因此，墨辊上的油墨只能转移到印版的图文部分，而非图文部分则没有油墨。印刷机的给纸机构将纸输送到印刷机的印刷部件，在印版装置和压印装置的共同作用下，印版图文部分的油墨则转移到承印物上，从而完成一件印刷品的印刷。凡是印刷品的纸背有轻微印痕凸起，线条或网点边缘部分整齐，并且印墨在中心部分显得浅淡的，则是凸版印刷品。凸起的印纹边缘受压较重，因而有轻微的印痕凸起。

四、丝网印刷工艺主要特点

丝网印刷被称为万能印刷。丝网印刷能在各种承印材料上进行印刷，如对各种塑料、纺织品、金属、玻璃、陶瓷等材料的网版印刷，以及对商业、广告业、装潢业、美术业、建筑业、出版业、印染业、电子等工业的网版印刷。总之，任何有形状的物体不论形状大小、厚薄，不论软质、硬质、也不论曲面、平面，都可以进行网版印刷。

在实际印刷工艺中，更多的是把上述几种印刷方法结合起来同时使用。如精品香烟盒的印刷，在印刷工艺中按产品的要求把各种印刷方式搭配起来使用。由于我国印刷专业已经有大量的平版印刷教材，所以我们学习这门课程的目的就是要熟悉除了平版印刷以外的各种印刷工艺方法，为我们从事印刷工作打下坚实的基础。

五、不同印刷方式的工艺特点

凸版印刷、平版印刷、凹版印刷、丝网印刷四种不同的印刷方式，其制成的印版不同，制版方法不同，相应作用的印刷机也各有特点，按其特点，可归纳如图 4-4 所示。

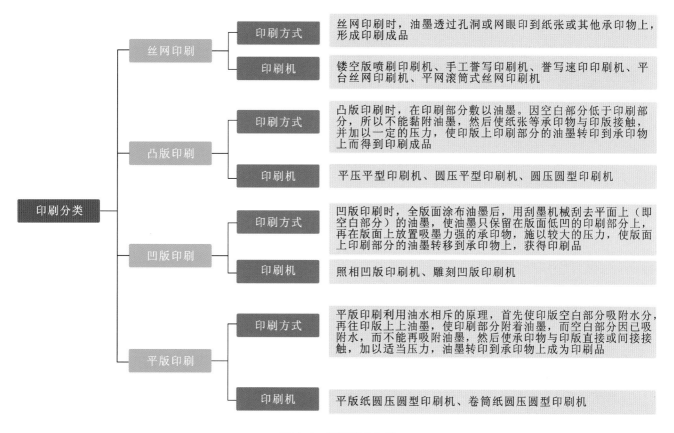

图 4-4　印刷方式分类

第二节
印刷基本流程与印刷油墨

人类文明的进步和人类信息传播的发展息息相关，印刷在人类信息传播中始终扮演着一个非常重要的角色。包装可以说离不开印刷，包装印刷在经济飞速发展的今天，已经从文化印刷中分离出来，形成一个很有自身特点的工业门类，而且在国民经济的发展中占据了很重要的地位。一个设计，从开始构思，设计者就应该考虑其投入生产时的可行性，了解包装的印刷知识，只有这样，才能自由地设想，自主地计划，并自信地看到作品诞生。

一、印刷设计的基本工艺流程

印刷设计中，从原稿到印刷成品，无论选用哪种印刷方式，都必须由原稿经制版、印刷、印后加工（装订）等步骤，其基本工艺流程如图 4-5 所示。

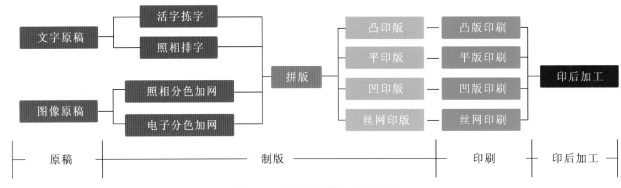

图 4-5　印刷设计基本工艺流程

二、印刷油墨

(一) 油墨的概念

油墨是印刷用的着色剂，是一种由颜料微粒均匀地分散在连接料中，具有一定黏性的流体物质。

(二) 油墨的成分

油墨由颜料、连接料、填料、附加料等组成。

1. 颜料

颜料在油墨中起着显色作用，它又对油墨的一些特性有直接的影响。

颜料是不溶于水和有机溶剂的彩色、黑色或白色的高分散度的粉末，根据其来源与化学组成，分为有机颜料和无机颜料两大类。

无机颜料是有色金属的氧化物，或一些金属不溶性的金属盐，无机颜料又分为天然无机颜料和人造无机颜料，天然无机颜料是矿物颜料。

有机颜料是有色的有机化合物，也分为天然和合成的两大类。现在常用的是合成有机颜料，有机颜料的品种多，色彩比较齐全，性能优于无机颜料。

染料是有机化合物，它可溶于水，有时也溶解于有机溶剂，从某种染料中能制备出不溶性彩色沉淀物，叫色淀颜料，供制造印刷油墨用。

对印刷油墨中使用的颜料要求颇高，特别是颜色、分散度、耐光性、透明度等，要求彩色颜料的色调接近光谱颜色，饱和度应尽可能大，三原色油墨所用的品红、青、黄色颜料透明度一定要高，所有颜料不仅要耐水性，而且要迅速而均匀地和连接料结合，颜料的吸油能力不应太大，颜料最好具有耐碱、耐酸、耐醇和耐势等性能。

2. 连接料

连接料是油墨的主要组成成分，起着分散颜料给予油墨以适当的黏度、流动性和转印性能，以及印刷后通过成膜使颜料固着于印刷品表面的作用。连接料俗称调墨油。

连接料可以由各种物质制成，如各种干性植物油，大都可以用来制造油墨的连接料，矿物油也可制成连接料，溶剂以及各种合成树脂都可用于制成连接料。

油墨的流动性、黏度、中性、酸值、色泽、抗水性以及印刷性能等主要取决于连接料，同一种颜料，使用不同的连接料，可制成不同类型的油墨；而同一种连接料，使用不同的颜料，所制成的仍为同一类型的油墨，因它不能改变油墨的根本性能，所以油墨质量的好坏，除与颜料有关外，主要取决于连接料。

3. 填料

填料是白色、透明、半透明或不透明的粉状物质。填料主要起充填作用，充填颜料部分，适量采用填料，既可减少颜料用量，降低成本，又可调节油墨的性质，如稀稠、流动性等，也提高了配方设计的灵活性。

4. 附加料

附加料是在油墨制造，以及在印刷使用中，为改善油墨本身的性能而附加的一些材料。按基本组成配制的油墨，在某些特性方面仍不能满足要求，或者由于条件的变化，而不能满足印刷使用上的要求时，必须加入少量辅助材料来解决。附加料有许多，如干燥剂、防干燥剂、冲淡剂、撤粘剂、增塑剂等。

三、印刷油墨的种类

油墨的种类繁多，可按不同方式分类。

1. 按印刷形式分

（1）按版式分为：凸版、平版、凹版、丝网版等用的油墨。

（2）按印刷方式分为：胶印、直接印刷等用的油墨。

2. 按承印物质分

按承印物质分为：纸张、金属、塑料、布料等用的油墨。

3. 按干燥形式分

（1）按干燥机理分为：渗透干燥型、氧化聚合型、挥发干燥型、光硬化型、热硬化型、冷却固化型等油墨。

（2）按干燥方法分为：自然干燥型、热风干燥型、红外线干燥型、紫外线干燥型、冷却干燥型等油墨。

4. 按油墨特性分

（1）按颜色分为：黄、红、蓝、白、黑、金、银、金粉、荧光色、珠光色等。

（2）按功能分为：磁性油墨、防伪造油墨、食用油墨、发泡油墨、芳香油墨、记录油墨等。

（3）按耐性分为：耐光性、耐热性、耐溶剂性、耐摩擦性、耐醇性、耐药品性等油墨。

5. 按油墨成分分

（1）按原料分为：干性油型、树脂油型、有机溶剂型、水性型、石蜡型、乙二醇型等油墨。

（2）按形态分为：胶状、液体、粉状油墨。

6. 按用途分

按用途分为：新闻油墨、书籍油墨、包装油墨、建材油墨、商标用油墨等。

四、印刷油墨的特性

油墨是有颜色并具有一定流动性的浆状胶粘体，能进行印刷，并在承印物上干燥。因此，颜色、流动性和干燥性是油墨的三个最重要的特征。

1. 黏度特性

黏度是阻止流体流动的一种性质，是流体分子相互作用而产生阻碍其分子间相对运动能力的量度，即流体流动的阻力。

油墨的黏度与印刷过程中油墨的转移，与纸张的性质及结构有关，油墨黏度过大，印刷过程中油墨转移不易均匀，并产生对纸张拉毛的现象，使版面发花；黏度过小，油墨容易乳化，起脏，影响产品质量。

油墨黏度的大小，与连接料的黏度、颜料和附加料的用量、颜料和附加料的颗粒大小、颜料和附加料在连接料中的分散状况有关。

在印刷过程中对油墨黏度大小的要求，与印刷机的印刷速度、纸张结构松软程度、环境温度的变化有关。

2. 屈服值

屈服值，使液体开始流动所需的最小剪切应力叫屈服值。

屈服值过大的油墨，流动性差，不容易打开，屈服值过小的油墨，印刷的网点容易起晕，不清晰。

屈服值与油墨的结构有关，而屈服值的大小对油墨的流动度有直接的影响，它对胶印和凹版印刷油墨的质量是一项重要的检测指标。

3. 触变性

油墨受外力的搅拌，它将随拌的作用由稠变稀，静止以后，油墨又恢复到原来的稠度的现象，叫触变性。

由于油墨有触变性故而当油墨在墨辊上受到机械的转动作用后，它的流动性就增大，其延展性增加，使油墨容易转移。当油墨经印刷转移到纸张后，失去外力的作用，油墨由稀变稠而不向周围流溢，形成良好的印迹。若油墨的触变性过大，则使墨斗中的油墨不易转动，影响墨辊的传墨。

4. 流动性

油墨在自身的重力作用下，像液体一样流动的性能，称为油墨的流动性。

油墨的流动性关系着油墨能否从容器中倒出，从储槽中输送到印刷机的墨斗中，从墨斗中顺利地传递，在印刷机上良好地分配、传递到版面，以及转印到承印物上，还影响到印刷的效果。

油墨的流动性由油墨的黏度、屈服值和触变性决定，与温度也有密切的关系。

5. 墨丝长度

油墨被拉伸成丝状而又不断裂的程度，叫墨丝长度。

墨丝短的油墨，在胶印和凸版印网中是印刷性能好的油墨，因为它不会造成飞墨的现象，同时，印品上墨层均匀厚实，人们常用墨丝长短来衡量油墨性能的好坏。

墨丝长度与油墨的触变性、屈服值及塑性黏度有关。

6. 油墨的干燥特性

油墨附着在印品上形成印迹后，必须从液状或糊状变成固体的皮膜，这个变化过程通常称为油墨的干燥。

油墨的干燥是由油墨中的连接料从液状或糊状变为固体而完成。各种油墨中使用的连接料及其配比是不同的。因此，使用不同的连接料形成油墨的干燥过程也不同。油墨从印版转移到印品表面后，油墨中的连接料一部分产生渗透，与此同时，连接料中的溶剂开始挥发，有的连接料产生化学反应与物理反应，从而使承印物表面的印迹墨层逐渐地增加其黏度与硬度，最终形成固体的膜层。

通常凸版印刷油墨以渗透干燥为主，平版胶印油墨以氧化结膜干燥为主，凹版印刷油墨用发挥性强的溶剂为连接料，所以是以挥发干燥为主。

五、特种油墨

1. 微胶囊油墨

微胶囊油墨，具有特殊功能的物质密封于胶囊中，用适当的连接料制成油墨，用不破坏胶囊的方法来印刷，使印刷品具有特殊的性质。例如：液晶油墨，利用由温度和压力的差别而改变液晶的颜色，用于表示温度计、计算器的数字；香料油墨，用香料制成胶囊，胶囊被破坏则发出香味；发泡油墨，使用发泡剂，印刷后经加热发泡，用于印刷盲文等印刷品。

2. 金银色油墨

金银色油墨，用金属粉代替颜料。以前是在揩金、揩银油墨上附着金粉、银粉。进行金银印刷，在即将印刷之前将调墨油和金粉或银粉混合而成，也有混合好了的油墨。金粉用黄铜粉，银粉用铝粉，都由片状粉碎而成，给予金属光泽。

3. 荧光油墨

荧光油墨，是使用荧光颜料的油墨，它带来了鲜明、强烈的色彩效果，故常用于广告画、包装材料、广告、展览品等引人注目的印刷品，荧光颜料是把荧光染料溶解在合成树脂中，粒子粗，耐光性也弱，一经紫外灯照射，能得到更光辉的效果。

4. 磁性油墨

磁性油墨，是用磁性氧化铁的粉末制成的油墨，用于磁性油墨文字识读，控制磁性粉的磁力特性，从被印刷的特殊文学和字体发出的磁束进行识读、主要用于印刷信用卡片上的磁带条。

5. 防伪油墨

防伪油墨，是印刷各种有价证券的油墨，必须具备各种优良的耐光、耐热、耐水、耐油的性能，凹印油墨就是一种。为了防止伪造和篡改，必须配以能看出特殊反应的化合物，也有用作油墨消失、消色、变色、褪色或呈彩色的安全油墨。

6. 导电油墨

导电油墨，是用金、银、铜或导电性的炭黑制成的油墨，干燥的墨层具有导电性，用于印刷电路、电极等的印刷。金粉、银粉、铜粉产生各自的导电性能，但金、银价格太高，铜容易氧化，炭黑由于使用原料性能不同，容易出现差异，石墨型结晶的导电性最好，是目前较常用的一种。

7. 复写油墨

复写油墨，传票复写油墨，用热熔型加热熔融进行印刷。无碳复写是用无色因加压而成色的，不必要复写部分使用减感油墨，降低复写时的接触性而失去复写作用，使用的是阻止成色的化学功能材料。

其他功能性油墨还有很多，有在气体的作用下改变颜色的监视油墨，有因温度变化而变色的温度指示用油墨，有在光的作用下由无色变为有色的显色油墨，有印在食品上的食用油墨，也印刷在火柴盒上的摩擦部分的发火油墨，等等。

第三节
凸版印刷工艺设计及特点

凸版印刷是使用凸版（图文部分凸起的印版）进行的印刷，又称凸印。

凸版印刷是利用凸版印刷机或人工将凸印版上的图文转移到承印物上完成复制的印刷方法。凸版印刷是纸品设计主要印刷方法之一。凸版印刷程序如图4-6所示。

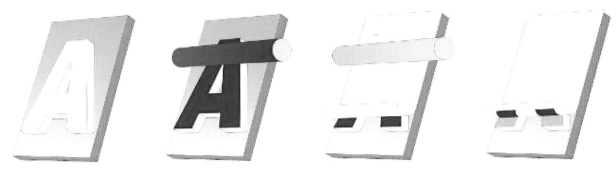

图 4-6　凸版印刷程序

一、凸版印刷工艺原理

凸版印刷历史最久，在长期发展过程中不断得到改进。我国唐代初年发明了雕版印刷技术，是把文字或图像雕刻在木板上，剔除非图文部分使图文凸出，然后涂墨，覆纸刷印，这是最原始的凸印方法。凸版印刷的原理比较简单，在凸版印刷中，首先给印版上墨，由于凸版上的图文部分远高于印版上的非图文部分，因此，墨辊上的油墨只能转移到印版的图文部分，而非图文部分则没有油墨。在印版装置和压印装置的共同作用下，印版图文部分的油墨则转移到承印物上，从而完成一件印刷品的印刷。凡是印刷品的纸背有轻微印痕凸起，线条或网点边缘部分整齐，并且印墨在中心部分显得浅淡的，则是凸版印刷品。凸起的印纹边缘受压较重，因而有轻微的印痕凸起。金属凸版印刷如图 4-7 所示，木版凸版印刷如图 4-8 所示，金属活字凸版如图 4-9 所示。

图 4-7　金属凸版印刷

二、凸版印刷工艺流程

凸版印刷的工艺过程可分为三大部分，即印刷准备、垫版、印刷。

（一）印刷准备

印刷准备包括印件特点分析、领取油墨、纸张、进行印刷机的一般调节以及印版的检查、印版位置的固定，等等。

图 4-8　木版凸版印刷

图 4-9　金属活字凸版

（二）垫板

　　垫板用纸张等材料在印版或版托背面垫厚或刮薄，在压印平版或压印滚筒上进行垫贴或控去，使之满足印刷压力的要求。

　　垫版过程如下。

　　（1）打垫版样。垫版样是进行垫版操作的依据。打墨墨色浓淡应与正式印刷基本一致。

（2）垫和中垫，下垫是调整版托的平整度，避免印刷所受印版压力太重或太轻；中垫是调整印版表面平整程度，以使印版印均匀。进行下垫和中垫，首先是调换压印机构的包衬物，调整出墨量，打出样张，检查压力情况，标出压力不足或压力过强部位，在压力轻的底板下面粘贴纸片，而将压力过强的部位用工具铲平或在底板下面撕去纸片，再打出样张，直至整个版面的压力和压印平版基本均匀平整。

（3）上垫，俗称贴滚筒。是在下垫、中垫以后进行的，但圆压圆印刷机只能进行上垫。上垫是针对个别字网纹图进行的。先将墨色校正到基本符合印刷时的墨色，打出垫版样张再圈样。然后逐字、逐行依样检查，用0.04~0.07 mm厚的纸条，依次在滚筒上垫贴，直到印版上墨色均匀、压力合乎要求。塑料印版、感光树脂版，因印版直接粘贴固定在印版台和印版滚筒上，背面无法垫版，一般只进行上垫。

（4）整版或图版的艺术调节，一般的书刊正文版经过下垫和中垫就要把印版按照设计要求，固定在正确的位置上，这个过程称为整版。彩色图版为了达到完美的艺术效果，在上垫结束后，还需要进行适当的调整，进行挖、刮、垫工作。挖的目的是减少明亮部分的印刷压力。例如，天空、人脸向光部位、雪景中的白雪部位。使这部分的印刷压力在整个画面中最小，即图像中的明亮部位更明亮、突出。刮的作用是使画面中的明亮部分和淡灰部分（中间色调）明暗交接处避免变化突然，有明显的差异，起到自然过渡的作用，使画面色调更柔和。垫版目的是为了增加图像中的深暗部分（暗色调）的印刷压力，使这部分所受压力在整个画面中是最大的。从而使色调更加浓重、逼真。如人的头发、眼睛、眉毛、物体的背光部分等。

（5）印刷。印刷前，堆放好待印的纸张，仔细检查版样、开印样，注意避免文字差错，核对规格尺寸、校正墨色，一切准备就绪后即可印刷。

三、金属凸版印刷工艺

凸印版多是以金属、木材、感光树脂、石材等质量比较大的物体作为版材，由于印版较厚、较重，凸印版印刷图文的印刷压力较大，因此印刷出的文字笔锋突出、墨层厚、光泽好。凸版印刷压力大，油墨能被挤入纸张表面的细微空隙内，因此选择厚度比较大，平滑度比较低的纸料仍能获得质量上乘的纸品印刷设计作品。金属凸版印刷品如图4-10所示。

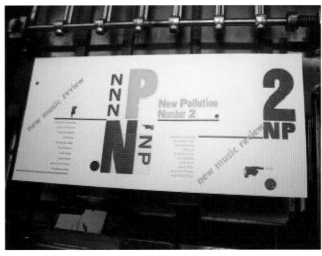

图4-10　金属凸版印刷品

续图 4-10

由于凸版印刷压力比较大，印刷后的纸品一般有比较明显的凹陷或凸起感，可以达到非常特殊的视觉与触觉效果。凸版印刷一般选用厚度比较大、韧性比较好的纸料作为印材。凸版印刷纸品设计如图 4-11 所示。

四、金属活字凸版直印方式

金属活字凸版印刷，尤其是铅活字在我国印刷行业已经消失很多年了，这主要是由于计算机照排技术的发明和普及以及金属铅有挥发毒性，易造成印刷操作人员中毒等因素决定的。但是，今天在国外纸品设计中，特别是在纸品后期印刷制作中，金属活字凸版印刷仍然是一种特别普及、有效的印刷方式，只是将有毒的铅金属更换为锌、铜、铬等其他无毒金属。这主要是由于金属活字凸版直印方式具有简便、易操作、成本低、印刷设备所占空间小、印刷设计效果易掌握、视觉和触觉艺术效果独特等方面的因素所决定的。或者可以这样说，金属活字凸版直印过程也就是纸品设计的过程，设计师可以通过印刷来掌握所预期的纸品设计效果。金属活字凸版印刷制作的卡片设计如图 4-12 所示。

金属活字凸版印刷过程，如图 4-13 至图 4-20 所示。

金属活字凸版印刷是一种直接加压的印刷方法，同时也有木活字凸版，陶瓷活字凸版，人工复合材料活字凸版等其他材料凸版形式，印刷过程基本相同。凸版印刷可以用活字版直接印刷，也可以用活字版制成多副纸型。活字凸版印刷方式具有

图 4-11　凸版印刷纸品设计

图 4-12　金属活字凸版印刷制作的卡片设计

图 4-13 拣字

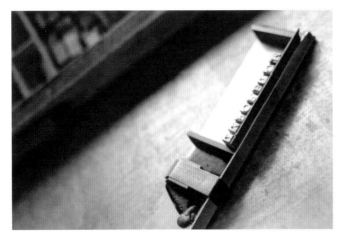

图 4-14 字夹

图 4-15 不同尺寸的字夹

图 4-16　按照印刷顺序将活字放到字夹卡住

图 4-17　活字拼版　　　　　　　　　　　图 4-18　完成拼版

图 4-19　印刷　　　　　　　　　　　　　图 4-20　印后完成效果

灵活多变，既能印刷小批量印品，又能印制批量很大的印品，同一批次的印品印刷效果不单一等特点。木活字如图 4-21 所示，排字如图 4-22 所示，木活字凸版印刷品如图 4-23 所示。

图 4-21　木活字

图 4-22　排字

图 4-23　木活字凸版印刷品

五、固体感光树脂版凸版印刷方式

固体感光树脂凸版多为机器成型，平整度良好。版基一般用聚酯薄片，成型收缩性小，尺寸稳定。固体感光树脂版由预制的固态感光树脂制成，固体感光树脂版制版具有宽容度大，厚度非常均匀，能容纳很精细的高光层次，比橡胶版及液态版收缩量小。耐印率高等许多优点，使柔版印刷的精度和质量比传统的橡胶版大为提高，目前固体感光树脂版最高解像度已超过 350 线，网点再现力可达 1%~95%，版材平整度±0.013 mm。固体感光树脂版如图 4-24 所示。

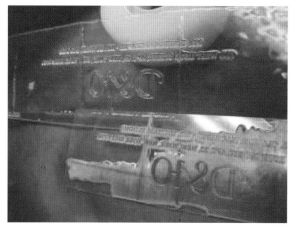

图 4-24　固体感光树脂版

固体感光树脂版是一种预涂版，与常见的 PS 版一样，平时储存于避光的硬纸盒内，使用时，按照制版尺寸大小，从盒内取出裁切，比较方便。对新购进来的板材存放时，要注意一定要平放在架子上，不能重压，不能竖直放，否则会产生变形。开料操作时，要在黄色灯光的室内工作，一定要避免太阳光或不安全光线的照射。开料时用直尺和锋利刀裁切，要防止版面折痕或版基的脱壳。裁切后的小块板子放入盒内，也要单块平放，不要搭边放，防止出现废版。印刷后的印版存放，必须把版面清洗干净，扑上滑石粉，用黑纸或避光物包扎好，存放在干燥和避光的地方，防止版面发硬、发脆或产生裂痕。固体感光树脂版的使用如图 4-25 所示。

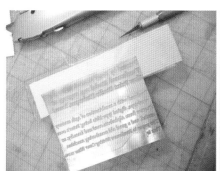

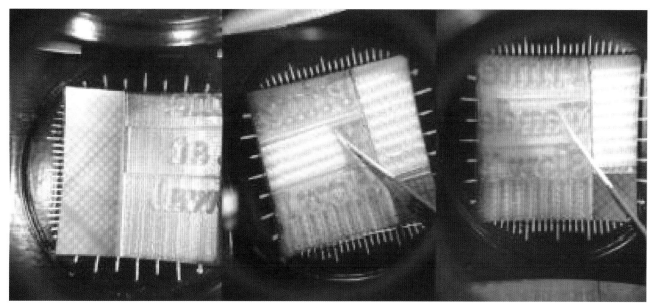

图 4-25　固体感光树脂版的使用

固体感光树脂版的结构如下。

（1）表面薄片，主要用于保护感光树脂版材。表面薄片使用从制造出来直到制版过程中反面曝光结束为止。

（2）保护层，为磨砂片基，处于表面薄片及感光树脂之间，在表面薄片撕开后，可允许良好的接触，以及在底片曝光时提供良好的真空吸气，在洗版过程时，保护层会即刻被溶解掉。保护层的作用是防止感光树脂层被擦坏，并阻挡光线照射树脂层而发生光化反应，造成废版。

（3）粘合层，涂布在保护层和感光树脂层之间，但不能过分黏结牢固。

（4）感光树脂层：是版材的主体，在感光后成形硬化，并可洗去不需要印刷的未硬化部分。其质量要求是，感光性能应保证稳定可靠，涂布均匀，厚度一致，平整度好。

（5）版基，是固体版的基础，一般为聚酯薄片，其作用保证感光版尺寸大小的稳定性，在背面曝光后树脂被束缚于此基底胶膜上。保证版材保持尺寸稳定，没有伸缩性，包括版基自身的平整度、厚度一致性。此外，在树脂层底部和版基之间涂有黏接剂，主要作用是使二者牢固粘接，不易分开。固体感光树脂版与印刷品如图4-26所示。

图4-26　固体感光树脂版与印刷品

固体感光树脂版印刷过程如图4-27至图4-36所示。

图4-27　固体感光树脂印版　　　　　　　　图4-28　套色用其他固体感光树脂印版

图 4-29 对版(一)

图 4-30 对版(二)

图 4-31 印刷机

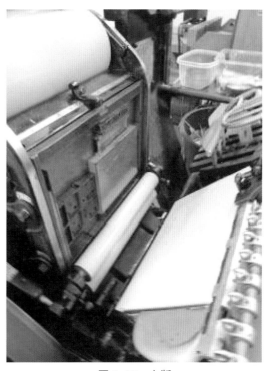

图 4-32 上版

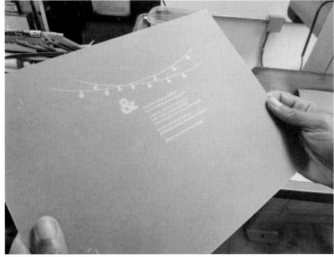

图 4-33 白色印版印刷效果

图 4-34 绿色版印刷完成准备上红色印版

图 4-35　红色印版印刷完成后效果

图 4-36　裁切后的完成品

六、金属雕刻、腐蚀版凸版印刷方式

金属雕刻、腐蚀版是由照相底片晒在金属板材上，经过腐蚀的凸版印版，也可由照相底片在感光性树脂上晒制成凸印版，或者用电子雕刻机雕刻成凸印版。对已制成的凸版能用浇铸等方法复制成凸印版，在使用中根据要求选择制版方法。通过照相的方法，把原稿上的图文复制成正向阴像底片，然后将正向阴像底片的图文晒到涂有感光层的铜板或锌板上，经显影后用三氯化铁或硝酸将印版版面的空白部分腐蚀下去，而得到浮雕般图文的印版。金属雕刻版如图 4-37 所示。

金属腐蚀版印刷过程，如图 4-38 至图 4-50 所示。

图 4-37　金属雕刻版

图 4-38　金属腐蚀版

图 4-39　金属腐蚀版细节

图 4-40　量版

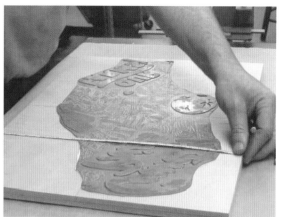

图 4-41　将金属印版固定在枕版上

图 4-42　印刷机上版

图 4-43　印刷油墨

图 4-44　油墨调色

图 4-45　印版上色

图 4-46　印刷机上印版

图 4-47　红色印版印刷进行中

图 4-48　红色印版印后效果

图 4-49　绿色印版印后效果

图 4-50　套色印后效果

七、石版凸版印刷方式

　　石版凸版印刷所选用的材料主要是一种含大量碳酸钙成分的天然石材。这种天然石材表面有无数个均匀的毛细孔。印刷的部分是附着在光滑的石头表面上，因此，能够体现出非常细微的变化，印刷的效果非常好。石版凸版印刷的原理是建立在油水不相容的原理上。原作首先以油性的笔（这种笔可以是油性蜡笔、油性铅笔或者其他的油性笔）画在光滑的石头平面上，之后把水淋在石头表面上，除了油性笔画过的部分之外，其他部分都被水浸湿了，于是有油性油墨层覆盖的部分就沾上油墨，水覆盖的部分则没有沾上油墨，再把纸压在石头上面印刷，就得到非常细腻的印刷效果。石版与石版印刷品如图 4-51 所示，石版印刷过程如图 4-52 所示。

图 4-51　石版与石版印刷品

 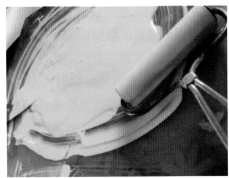 

图 4-52 石版印刷过程

八、凸版印刷所使用的印刷机械

（一）平压平型凸版印刷机

平压平型凸版印刷机，是凸版印刷中特有的印刷机械。圆盘机、方箱机等属于这种类型机器。其在印刷中产生的压力大且均匀，适用于印刷商标、书刊封面、精细彩色画片等，缺点是印刷速度低。平压平型凸版印刷机示意图如图 4-53 所示。

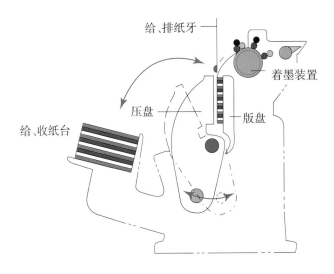

图 4-53 平压平型凸版印刷机示意图

（二）圆压平型印刷机

圆压平型印刷机的主要特征是装印版的版台呈平面，而压印机构为圆筒形。印刷时，印压滚筒和印版平面相接触。由于滚筒转动形式的不同，圆压平型印刷机分为一回转式印刷机（见图 4-54）、二回转式印刷机（见图 4-55）、旋转式印刷机。

（三）圆压圆型凸版印刷机

圆压圆型凸版印刷机有单张纸和卷筒纸之分，其印刷速度较高，主要印刷数量很大的报纸、书刊内文、杂志等。

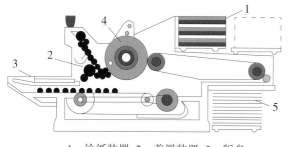

1—给纸装置;2—着墨装置;3—版盘;
4—压印滚筒;5—收纸装置

图4-54　一回转式印刷机示意图

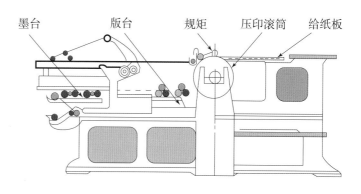

图4-55　二回转式印刷机示意图

九、凸版印刷品的质量要求

凸版印刷品的质量应达到以下要求。

（1）尺寸要求，精细产品开本尺寸的允许误差为 0.5 mm，一般产品为 1.0 mm。

（2）压力、墨色要求，印刷幅面的压力、墨色均匀。文字印迹、精细产品清楚完整，一般产品无明显缺笔断画现象。

（3）印刷书页幅面均匀度要求，精细产品的幅面均匀度应大于 15/16，一般产品的幅面均匀大于 14/16。

（4）套印要求，印刷书页中，各版面正、反套印准确，其套印误差精细产品小于 1.5 mm，一般产品小于 2.5 mm。

（5）外观要求，精细产品，印刷书页整洁、无"糊版""钉影""脏痕"现象，无"缺笔""断画"现象。一般产品，印刷书页整洁、无明显"糊版""钉影""脏痕"现象，无明显"缺笔""断画"现象。

第四节
平版印刷工艺及特点

一、平版印刷原理

平版印刷的印版与凸版印刷、凹版印刷的印版都不同，平版印刷的印版上印刷部分和空白部分几乎在同一平面上，其印刷的原理是空白部分具有良好的亲水性能，吸水后能排斥油墨，而印刷部分具有亲油性能，能排斥水而吸附油墨。印刷时利用其特性，先在印版上用水润湿，使空白部分吸附水分，再上油墨，因空白部分已吸附水，不能再吸附油墨，印刷部分则吸附油墨，印版上印刷部分有油墨后便可印刷。平版印刷示意图如图4-56所示。

二、平版印刷工艺的特点

由于平版印刷印版上的图文部分与非图文部分几乎处于同一个平面上，在印刷时为了能使油墨区分印版的图文部分还是非图文部分，首先由印版部件的供水装置向印版的非图文部分供水，从而保护了印版的非图

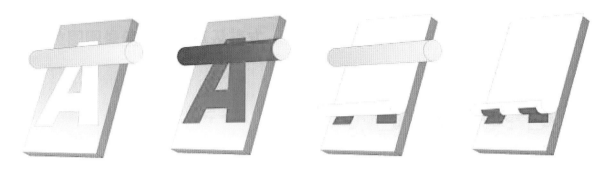

图 4-56　平版印刷示意图

文部分不受油墨的浸湿。然后，由印刷部件的供墨装置向印版供墨，由于印版的非图文部分受到水的保护，因此，油墨只能供到印版的图文部分。最后是将印版上的油墨转移到橡皮布上，再利用橡皮滚筒与压印滚筒之间的压力，将橡皮布上的油墨转移到承印物上，完成一次印刷，平版印刷是一种间接的印刷方式。平版印刷纸品设计如图 4-57 所示。

平版印刷方式是由早期石版印刷转印方式发展而来的，描绘于转写纸上再落在版上成为反纹，然后印刷于纸面上为正纹。由于此种方法在印刷时所承受的压力，使本来就是平面版的平版（即印纹部分与非印纹部分均是平面的），承受了压力之后，使得沾在版面上的油墨扩散膨胀，而产生画线不良的现象，因此，后来才改良为"柯式印刷法"，其印刷方式是将版面制成正纹，印刷时被转印在橡皮筒上为反纹，再由反纹印到纸上为正纹，这样就可以改进印刷压力的弹性。早期的平版印刷为平版平压型，到后来发展为平版圆压型及圆版圆压型两种。与圆版圆压型印刷机相比，平版圆压型印刷机比较适合半手工及小批量纸品印刷，如校样用的打稿机、小幅面印刷机等。

平版圆压型也是印刷版面平放，压力部分是滚筒式的压筒，此种印刷方式很类似凸版印刷里的平版圆压机器一样。平版圆压型印刷机如图 4-58 所示，印制效果如图 4-59 所示，换版套印效果如图 4-60 所示，最后印制效果如图 4-61 所示。

图 4-57　平版印刷纸品设计

图 4-58　平版圆压型印刷机

图 4-59　印制效果

三、平版胶印机

平版印刷机，现在都采用间接印刷的结构，即通过一个中间体——橡皮滚筒转而获得印刷图文，所以常将平版印刷机称为平版胶印刷。

图 4-60　换版套印效果

图 4-61　最后印制效果

（一）平版胶印机的种类

平版胶印机，按压印的方式除圆压平型印刷机外，全部都是圆压圆型印刷机。平版胶印机的种类较多：有手工给纸的，也有自动给纸的；有单面印刷的，有双面印刷的；有单色的，也有多色的；有单张纸印刷的，也有卷筒纸印刷的；有全开的、对开的，也有四开的。除此之外，有的平版胶印机还备有干燥装置及折页装置等。

（二）平版胶印机的主要结构

无论哪一种平版胶印机，都由给纸机构、印刷机构、供墨机构、润湿机构和收纸机构五大部分组成。胶印机主要结构示意图如图 4-62 所示。

（1）给纸机构，由存纸和送纸装置组成。

（2）印刷机构，包括印版滚筒、橡皮滚筒、压印滚筒。

（3）供墨机构，由墨斗、墨量调节螺丝、墨斗辊、传墨辊、匀墨辊、串墨辊、靠版辊、洗墨槽组成。供墨机构示意图如图 4-63 所示。

（4）润湿机构，包括水斗、水斗辊、传水辊、匀水辊、着水辊等。润湿机构示意图如图 4-64 所示。

（5）收纸机构，包括存纸装置和收纸装置。

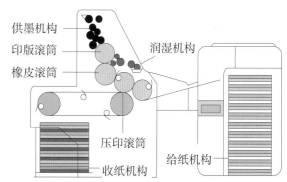

图 4-62　胶印机主要结构示意图

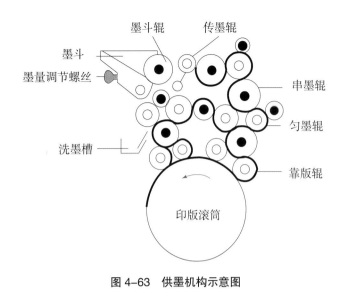

图 4-63　供墨机构示意图　　　　　　　　　　　图 4-64　润湿机构示意图

四、平版胶印油墨的特点

　　胶印是间接印刷，且有润湿液的存在，当油墨从橡皮滚筒转印到纸面上时，油墨量必定要减少，因此，平印油墨应是高浓度的油墨，并且还应具有对纸面固着充分、耐酸、不溶于水、抗乳化性强、色调鲜艳、光泽性强、干燥前后不变色、不褪色的等性质。平版胶印油墨产品总览表如表 4-2 所示。

表 4-2　平版胶印油墨产品总览表

胶印油墨	单张纸平版油墨	高光快干油墨	四色版油墨
			一般印刷油墨
		卡纸油墨（厚纸油墨）	四色版油墨
			一般印刷油墨
		亚光纸油墨（无光纸油墨）	四色版油墨
			一般印刷油墨
		特种油墨	金、银墨
			荧光油墨
			防伪油墨
			珠光油墨
			耐晒油墨
			香味油墨
			耐摩擦油墨
		印铁油墨	
		红外线干燥型油墨（IR 系列）	
		紫外线干燥型油墨（UV 系列）	
		胶印合成纸油墨	
		无水胶印油墨	
	胶印轮转油墨		热固型胶印轮转油墨
			非热固型胶印轮转油墨
			新闻轮转油墨

五、平版印刷工艺操作流程

（一）印前准备

（1）承印物的准备，根据施工单的要求，准备好印刷所需的承印物。首先按规定的承印物品种、数量到材料库领料，再根据规格尺寸的要求载切（卷筒料印刷除外），然后进行承印物的印前处理。例如，进行纸张的调湿（晾纸）、敲纸、撞纸处理及堆纸、塑料薄膜的电晕处理等。

（2）油墨的调配，在上印刷机前，根据印刷品的原样、类别、印刷色序、印刷机的型号以及油墨的浓度、透明度、黏度、细度、色度、黏着性、干燥性等准备好所需油墨，使印刷时使用的油墨适合印刷品的印刷质量。印刷前，将油墨装入墨斗，调整好出墨量，使印刷品更完美。

（3）润湿液的调配，润湿液是平版中必须使用的材料，在印刷过程中，发挥润版的作用。润湿液一般使用磷酸、柠檬酸、乙醛、硝酸、阿拉伯树胶等加水调制而成。印刷时，润湿液中的无机盐补充印版空白部分原有无机盐被损坏的部分，形成均匀的水膜，保持印刷时空白部分的亲水性。润湿液呈酸性，pH 值在 3.8~4.6 之间。印版润湿液的 pH 值在 5~6 之间。酸性过弱或过强都会对印版质量有影响，造成印刷品印迹发花或糊版等现象。在印刷过程中当产生上述弊病时，一定要分析原因，不能盲目增减润湿液的浓度。

（4）印刷色序的确定，印刷品的色彩是由不同色相的油墨叠印而成的，叠印中的印色次序称色序。印刷色序的确定，可根据印刷机的类型、油墨的性质、油墨的色相、印刷品的要求合理安排，要保证主色网点不糊，力求套准确。一般情况下：图文面积少的先印，图文面积大的后印；透明度差、遮盖力大的油墨先印，透明度好、遮盖力小的油墨后印；平网图文先印，实地后印。

目前，国际上的印刷色序已趋于标准化，国际印刷研究所协会推荐以下色序：

单色印刷机：青、品红、黄、黑；

双色印刷机：青、品红、黑、黄；

四色印刷机：黑、青、品红、黄。

中国印刷业因国内的纸张色度、油墨的透明度等原因，印刷色序一般采用：

单色印刷机：黄、品红、青、黑；

双色印刷机：黄、黑、品红、青；

四色印刷机：黑、青、品红、黄。

（5）印压的确定，适宜的印刷压力，能使墨迹准确无误地转印到承印物上。在印刷中，印刷压力的调整是通过控制滚筒的中心距混筒的包衬进行的。所以印版滚筒、橡皮滚筒、压力滚筒之间必须要有适量的印刷压力。一般情况下，要根据印刷机机型、印版、印刷品的要求合理选用橡皮布和衬垫物，调整混筒的中心距。

（6）印刷机的调节，印刷机在使用时，应最合理地发挥该机的效能，确保印刷机各部件或机件本身的工作稳定性。所以，印刷前要对印刷机做以下工作：

① 检查调节给纸、走纸、收纸装置；

② 检查调节印版滚筒、橡皮滚筒、压印滚筒的中心距，使压力均匀；

③ 检查调节着墨辊、水辊，使墨量/水量符合印刷要求；

④ 检查印版/橡皮滚筒的清洁度，用洗涤剂将印版的保护膜及橡皮滚筒洗干净。

（二）安装印版

将印版、连同印版下的衬垫材料按照印版的定位要求，安装并固定在印版滚筒上。

（三）试印刷

印刷前的准备工作做好后，就可以进行试印刷。在由试印进入正式印刷这段时间里，输纸部分、水墨部分尚未完成处于平衡状态，所以试印刷工作主要有检查印刷机给纸、走纸、收纸的情况，保证纸张传输顺畅、定位准确。以印版上的规律线为标准，调整印版位置，达到套印准确。校正压力，调好油墨、润湿液的供给量，使墨色鲜艳，符合原稿要求。已出开印洋张，审查合格，即可正式印刷。

（四）正式印刷

在印刷过程中要随时抽取印样，检查产品质量。其中包括：套印是否准确，墨色深浅是否符合样张，图文的清晰度是否能满足要求，网点是否发虚，空白部分是否洁净等，同时，要注意机器要求，网点是否发虚，空白部分是否洁净等，同时，要注意机器在运转中，有无异常，发生故障及时排除。

（五）印后处理

印后处理主要内容有墨辊、墨槽的清洗，印版表面涂胶或去除版面上的油墨，印张的整理，印刷机的保养以及作业环境的清扫等。

第五节
凹版印刷设计工艺及特点

一、凹版印刷原理

凹版印刷简称凹印，凹版印刷的原理与凸版恰好相反，凹版印刷的印纹部分低于印版版面。印刷时先将流动的油墨黏附在印刷版面上，再用刮刀将版面非印纹上的油墨刮除。使油墨停留在凹陷的印纹中，再将纸张放置在印版上，利用压力将附于凹陷印纹中的油墨吸出来，完成印刷过程。凹版印刷示意图如图4-65所示。

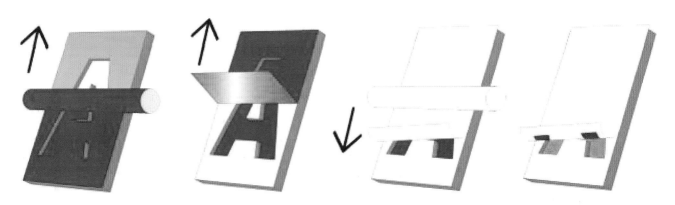

图 4-65　凹版印刷示意图

　　凹版印刷是图像从表面上雕刻凹下的制版技术，也是一种直接的印刷方法，它将凹版凹坑中所含的油墨直接压印到承印物上。凹版印刷蕴藏在凹陷印纹的油墨量比凸版、平版多，因此印刷出来的印品图纹会有较强的凸起感，所印制的纸品表现出来的层次和质感都比其他印刷方式印刷出来的产品效果好。凹版印刷纸品设计如图 4-66 所示。

图 4-66　凹版印刷纸品设计

二、凹版印版工艺特点

　　凹版印版一般采用铜或锌板作为雕刻的表面，凹下的部分可利用腐蚀、雕刻、铜版画或其他金属板制版法。凹印版印刷所印画面的浓淡层次是由凹坑的大小及深浅决定的，如果凹坑较深，则含的油墨较多，压印后承印物上留下的墨层就较厚；相反如果凹坑较浅，则含的油墨量就较少，压印后承印物上留下的墨层就较薄。凹版印刷的印版是由一个个与原稿图文相对应的凹坑与印版的表面所组成的。印刷时，油墨被填充到凹坑内，印版表面的油墨用刮墨刀刮掉，印版与承印物在一定的压力接触下，将凹坑内的油墨转移到承印物上，完成印刷。凹版印刷所印制纸品具有墨层厚实，颜色鲜艳、饱和度高、印版耐印率高、印品质量稳定、印刷速度快等优点。铜版腐蚀凹版和印刷完成作品如图 4-67 所示，墨层有明显凸起的凹版印刷品如图 4-68 所示。

图 4-67　铜版腐蚀凹版和印刷完成作品

图 4-68　墨层有明显凸起的凹版印刷品

三、凹版印刷所使用的印刷机械

凹版印刷机所使用的机器全部是圆式的轮转机，俗称凹版轮转机。根据凹版印刷机的条件和印刷方法可以将凹版印刷机分为以下种类。

（1）按印刷色数分为单色凹版印刷机和多色凹版印刷机。

（2）按承印幅面分为全张纸凹版印刷机、对开纸凹版印刷机、四开纸凹版印刷机等。

（3）按用纸形状分为单张纸凹版印刷机、对开纸凹版印刷机、四开纸凹版印刷机等。

（4）按用纸形状分为单张纸凹版印刷机和卷筒纸凹版印刷机。

（5）按印版印刷式分为照相凹版印刷机和雕刻凹版印刷机。

（6）按凹版印刷机的类型分为单面单色凹版印刷机、双面多色凹版印刷机、刮墨式轮转机、集合滚筒轮转凹印机等。

无论哪一种凹版印刷机，都由给纸机构、印刷机构、供墨机构、干燥机构、收纸机构五部分组成。

四、凹版印刷机的机构原理

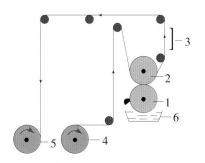

1- 印版滚筒；2- 压印滚筒；
3- 干燥机构；4- 给纸；
5- 收纸；6- 墨槽

图 4-69　凹版印刷示意图

凹版印刷示意图如图 4-69 所示。

（1）给纸机构，给纸机构由存纸装置和送纸装置组成。

（2）供墨机构，凹版印刷机的供墨机构由输墨装置两部分组成。

（3）印刷机构，由印版滚筒和压印滚筒组成。凹印是直接印刷，需要较大的压力，才能把印版网穴中的油墨转移到承印物上，因此压印滚筒表面包覆有橡皮布，用以调节压力。

（4）干燥机构，凹版印刷机的干燥机构由红外线烘干装置、滚筒式烘干装置、热风式烘干装置组成。

（5）收纸机构，由存纸装置和收纸装置组成。

五、凹版印刷机的输墨的方式

输墨的方式有直接着墨方式和间接着墨方式两种，如图 4-70 所示。

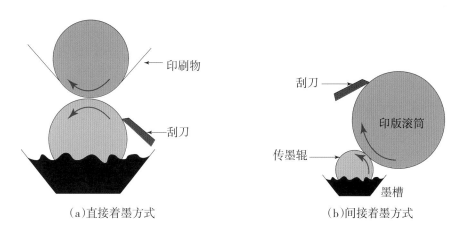

（a）直接着墨方式　　　　（b）间接着墨方式

图 4-70　凹版印刷输墨方式

（1）直接着墨方式是把印版滚筒的 1/3 或 1/4 部分浸入墨槽中，涂满油墨的滚筒转到刮墨刀处，空白部分的油墨被刮掉。

（2）间接着墨的方式是由一个传递油墨的胶辊，将油墨涂布在印版滚筒表面，胶辊直接浸渍在墨槽里。

（3）刮刀装置由刀架、刮墨刀片和压板组成。刮墨刀片的厚度、刀刃角度以及刮墨刀与印版滚筒之间的角度可以调整。

六、凹版印刷油墨的特点

凹版印刷油墨是由固体树脂、发挥性溶剂、颜料、填充料和附加剂等组成。不含植物油，其干燥方式大多属于挥发型。

因为凹印机不使用胶辊，所以不需要对油墨中的溶剂加以限制，可自由选择对承印物黏接性好的树脂和溶剂，凹印墨还有色调丰富的特点。

（1）影写凹版油墨，用于纸张印刷。

（2）塑料凹印油墨，由聚酰胺树脂、二甲苯、异丙醇、颜料、填充料等组成。

（3）醇溶油墨，以醇溶性固体树脂，如松香衍生物、硝化纤维素等为溶剂制成，适用于糖果包装及玻璃纸的印刷。

凹版印刷所采用的油墨，是一种极易挥发的溶剂型油墨，因而一方面污染空气，易使印刷工人发生急性或慢性中毒症，同时容易引起火灾，所以要特别注意工作场所排风通气应良好，使空气中的溶剂挥发气体浓度降到最低值，有条件的印刷车间还应安装溶剂回收器，并积极研制水基凹印墨。

七、凹版印刷工艺操作流程

凹版印刷机是自动化程度很高的轮转机，与凸版印刷和平版印刷相比，凹版印刷中油墨转移到印版的路径短，所以印刷操作简单，印刷质量稳定。

（一）印刷前的准备

凹版印刷的准备工作包括，根据施工单的需求，准备承印物、印版、油墨、刮刀等，对印刷机进行检查、润滑。上版前要对印版进行复核，检查网点是否完整，镀铬的印版有否脱铬的现象，文字线条是否完整无缺等。

（二）上版

上版操作时，要注意保护版面，不要磕碰划伤，找好规矩尺寸后，把印版滚筒紧固在印刷机上，防止正式印刷时，印刷滚筒松动。同时调整压印滚筒上的包衬厚度，使印版各部位的压力一致，调整刮墨刀的距离，使刮墨刀在版面上的压力均匀又不损伤印版。

（三）调整规矩

印刷前的准备工作完成之后，再仔细校准印版，检查给纸、输纸、收纸、推拉规矩的情况，并做适当调整，校正压力，调整好油墨供给量，调整好刮墨刀。

（四）刮墨刀的调整

刮墨刀的调整主要是调整刮墨刀对印版的距离以及刮墨刀的角度，使刮墨刀在版面上的压力均匀又不损伤印版。

（五）正式印刷

在正式印刷的过程中，要经常抽样检查网点是否完整，套印是否准确，墨色是否鲜艳，油墨的黏度及干燥性是否和印刷速度相配合。

第六节
丝网印刷设计及工艺特点

一、丝网印刷原理

丝网印刷是将丝织物、合成纤维织物或金属丝网绷在网框上，采用手工刻漆膜或光化学制版的方法制作丝网印版。现代丝网印刷技术，则是利用感光材料通过照相制版的方法制作丝网印版（使丝网印版上图文部分的丝网孔为通孔，而非图文部分的丝网孔被堵住）。印刷时通过刮板的挤压，使油墨通过图文部分的网孔转移到承印物上，形成与原稿一样的图文。丝网印刷设备简单、操作方便，印刷、制版简易且成本低廉，适应性强。丝网印刷图解如图 4-71 所示。

丝网印刷的承印物，除纸张外，还能在许多材料上进行印刷。丝网印刷因版面柔软，印刷时需要压力较小，一般人工操作即可印刷。丝网印刷所用油墨可以自由调和，这样就为设计师提供了广阔的创作空间。丝网印刷的墨层较厚，色彩非常艳丽，色彩还原度非常好。

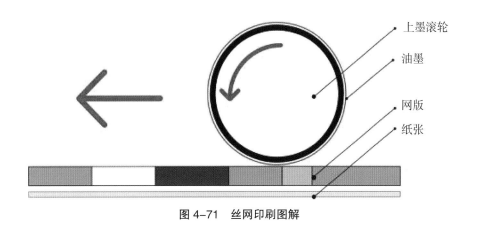

图 4-71　丝网印刷图解

上墨滚轮
油墨
网版
纸张

二、丝网印刷特点

（一）适用性强

丝网印刷可以使用多种类型的油墨。油性、水性、合成树脂乳剂型、粉体等各类型的油墨都可以应用。

（二）版面柔软

丝网印刷版面柔软且具有一定的弹性不仅适合于在纸张和布料等软质物品上印刷，而且也适合于在硬质物品和表面不规则物体上印刷。

（三）耐光性强

由于丝网印刷具有漏印的特点，所以它可以使用各种油墨及涂料，不仅可以使用浆料、黏合剂及各种颜料，也可以使用颗粒较粗的颜料。除此之外，丝网印刷油墨调配方法简便，例如，可把耐光颜料直接放入油墨中进行调配。

丝网印刷耐光性极强，经实践表明，按使用黑墨在铜版纸上一次压印后测得的最大密度值范围进行比较，胶印为 1.4、凸印为 1.6、凹印为 1.8，而丝网印刷的最大密度值范围可达 2.0，因此，丝网印刷产品的耐光性比其他种类的印刷产品的耐光性强。

（四）覆盖力强

丝网印刷的墨层一般可达 30 μm 左右。用发泡油墨印制盲文点字，发泡后墨层厚度可达 1300 μm。丝网印刷墨层厚，印刷品质感丰富，立体感强，这是其他印刷方法不能相比的。丝网印刷不仅可以进行单色印刷，还可以进行套色和加网彩色印刷。

（五）承印物限制小

不受承印物表面形状的限制及面积大小的限制。丝网印刷不仅可在平面上印刷，而且可在曲面或球面上印刷；它不仅适合在小物体上印刷，而且也适合在较大物体上印刷。这种印刷方式有着很大的灵活性和广泛的适用性。

三、丝网印刷构成要素

丝网印刷由五大要素构成：丝网印版、刮印刮板、油墨、印刷台和承印物。

四、丝网印刷操作流程

丝网印刷示意图如图 4-72 所示。

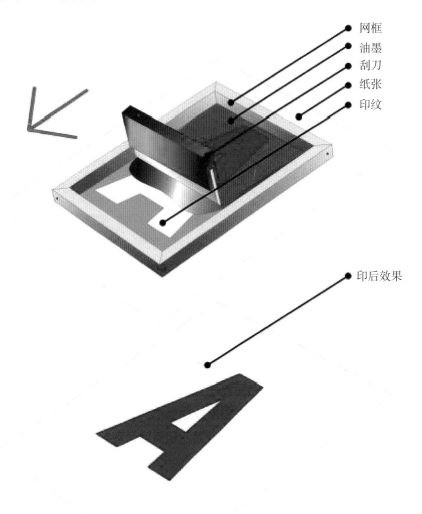

网框
油墨
刮刀
纸张
印纹

印后效果

图 4-72　丝网印刷示意图

印刷方法有手工印刷与机械印刷之分，原理是以手工印刷为基础的。丝网印刷工艺过程如下。

（一）印刷准备

印刷准备包括将丝网框架安装在印刷机上，调整版面与印刷间隙，确定承印物的位置，调配油墨等事项。丝网印刷的油墨不是从网孔中流出来的，而是用橡皮刮墨板刮到承印物上的。

1. 油墨黏度

黏度的国际单位为 Pa·s，它的厘米克秒制单位为 P，其换算公式为

$$1 泊（P）=100 厘泊（cP）=1000 毫泊（mP）=10^{-1} 帕·秒（Pa·s）$$

要获得图像再现性好的复制品，使用油墨的黏度值应为 100~500 Pa·s 比较合适。

2. 屈服值

屈服值是指使塑性流体开始流动时的最小外力，屈服值表明了油墨的稀稠和软硬层度。屈服值计算单位为0.1 Pa。丝网油墨屈服值一般在 100~500/0.1 Pa 比较合适。软管油墨屈服值一般在 100/0.1 Pa 左右比较合适。

3. 刮墨板（刮刀）

为了使油墨在加压的推动下能够从丝网版孔中溢出来，刮墨板起到重要的作用。刮墨板要有良好的弹性、耐油墨溶剂性和耐磨性。常用肖氏硬度为 60~80 的天然橡胶、硅橡胶、聚氨酯橡胶等几种，它根据油墨的溶剂选择使用。刮墨板的形状有直角形、尖圆角形、圆角形、斜角形等，使用于不同材质的承印物。一般平面印刷用直角形的棱边来刮动油墨，曲面印刷靠刮墨板尖端的棱边刮动油墨，使刮墨板和印版呈接触状态，刮墨板与丝网版的夹角越小，刮墨板速度越慢，印品上的墨量就越大。在印刷时要根据承印物的材质选择刮墨板的形状，根据要求墨层的厚薄，调整刮墨板的角度。

4. 油墨干燥

丝网印刷的油墨干燥得很慢，墨层又厚，妨碍了高速生产，需要有干燥装置，促使油墨的干燥和防止重叠粘脏。干燥的机械有干燥架、回转移动式干燥机、喷气干燥机、红外线干燥机、紫外线硬化装置等。

（二）丝网印版制版

丝网印版是由紧绷在框架上的细丝网做版材，和紧贴在丝网上有镂空图文的膜层组成印版。制版方法有手工制版和照相制版两种。过去多用手工控制文字和图形，制版效率很低，不能生产精细产品，现在利用照相制版、晒版的方法制版，速度快、质量高。现在用尼龙丝网、金属丝网代替绢网，明显地提高了丝网版的质量和印版的耐印力。

丝网印版制版大致分为"直接制版法"和"间接制版法"。

（1）直接制版法是往绷在框架上的丝网的网眼上直接涂布感光液，经晒版、显影制成丝网版。其工艺流程为：在框架上绷丝网—丝网前处理—涂布感光液—晒版—显影。

（2）间接制版法丝网制版工艺流程为：在感光胶版上曝光—活化处理—显影—冲洗—往丝网上转拓—四周涂胶—揭去胶片片基—修整。感光胶片如图 4-73，往丝网上转拓如图 4-74 所示，修整完成丝网印版如图 4-75 所示，印刷完成效果如图 4-76 所示。

图 4-73　感光胶片

图 4-74　往丝网上转拓

图 4-75　修整完成丝网印版　　　　　　　图 4-76　印刷完成效果

五、丝网印刷机械特点与分类

由于丝网印刷机的多样性与用途的广泛性，很难用一种分类方法将全部的网印机概括起来。丝网印刷机的分类见表 4-3 所示。

表 4-3　丝网印刷机的分类

丝网印刷机			
平面丝网印刷机		曲面丝网印刷机	圆网印刷机
承印物为单张平面形承印物，如纸板、塑料板、木板等。以自动化程度可分为手动、半自动和全自动；以压印台的形式则分为平台式和平网滚筒式		曲面丝网印刷机用于印刷圆柱或圆锥形的金属、塑料、玻璃、陶瓷容器或其他成型的物体。印版为平面，刮墨板固定在印版的上方，印刷时承印物与墨版同步移动	圆网印刷机印版为圆筒形的金属丝网，刮墨板固定在圆网内，通过自动上墨装置从网内上墨。承印物一般为卷筒的纤维制品、塑料薄膜、金属膜等。印刷时，承印物做水平移动，圆网做旋转运动。圆网的转动与承印物的移动是同步的。刮墨板将墨从印版蚀空的部分刮出，转印到承印物上面形成印刷品。圆网印刷可以实现连续印刷
平台丝网印刷机	平网滚筒式丝网印刷机		
平台丝网印刷机是将印版固定在版框上，版框下垫一个枕块使网版与承印物之间有一定距离。印刷时，用刮墨板将油墨从一端刮向另一端，在移动过程中，一边做水平运动，一边施加压力。在印刷过程中，网版与承印物始终呈线性接触，完成图像的转移	平网滚筒式丝网印刷机是将压印平台改为压印滚轮，省去升举机构。网版与压印滚筒之间留有网距。印刷后网版做横向移动，解决了网版框上下升降烦琐的弊病		

常用的丝网印刷机分类方法有以下几种。

（一）按网印机的自动化程度分类

(1) 全自动网印机，带有自动输纸、自动印刷、自动烘干及自动收纸装置。

(2) 半自动网刷机，除不带自动输纸装置外，其他工序均是自动。

(3) 自动网印机，不带自动输纸装置。

(4) 自动网印机，只有刮板印刷自动化。

（二）按印刷形式分类

(1) 平台式网印机，指使用平面网版印刷的网印机。

(2) 卷筒轮转网印机，使用平面网版或圆筒网版印刷卷筒式承印材料的网印机。

(3) 圆网网印机，使用圆筒网版。

(4) 按键网印机，对外形极为复杂的物体，可通过一种有弹性覆盖层的圆筒装置进行转印。

（三）按印刷的用途分类

(1) 平面印件网印机。

(2) 立体物品印件网印机。

(3) 曲面网印机。

(4) 印染用网印机。

六、丝网印刷油墨的特点

根据丝网印刷油墨中使用的树脂不同，印刷油墨的干燥形式也不同，按照干燥形式可将丝网印刷油墨分为物理干燥和化学干燥两大类。发挥干燥型印刷油墨物理干燥，二液反应型和紫外线固化型印刷油墨属化学干燥。物理干燥型印墨干燥速度快且皮膜软；化学干燥印墨，由于树脂内部产生化学反应，所以能形成网状结构，干燥速度慢且皮膜硬，耐药品性能好。

七、丝网印刷操作过程图解

利用丝网印版图文部分网孔透油墨，非图文部分网孔不透墨的基本原理进行印刷。印刷时在丝网印版一端上倒入油墨，用刮印刮板在丝网印版上的油墨部位施加一定压力，同时朝丝网印版另一端移动。油墨在移动中被刮板从图文部分的网孔中挤压到承印物上。由于油墨的黏性作用而使印迹固着在一定范围之内，印刷过程中刮板始终与丝网印版和承印物呈线接触，接触线随刮板移动而移动，由于丝网印版与承印物之间保持一定的间隙，使得印刷时的丝网印版通过自身的张力而产生对刮板的反作用力，这个反作用力称为回弹力。由于回弹力的作用，使丝网印版与承印物只呈移动式线接触，而丝网印版其他部分与承印物为脱离状态。使油墨与丝网发生断裂运动，保证了印刷尺寸精度和避免蹭脏承印物。当刮板刮过整个版面后抬起，同时丝网印版也抬起，并将油墨轻刮回初始位置，至此完成一个印刷过程。丝网印版如图 4-77 所示，印版上倒入油墨如图 4-78 所示，刮印刮版（刮刀）如图 4-79 所示，利用刮板刮印进行印刷如图 4-80 所示，印刷完成后抬版如图 4-81 所示，印刷完成效果如图 4-82 所示，在其他纸张上印刷效果如图 4-83 所示。

图 4-77　丝网印版

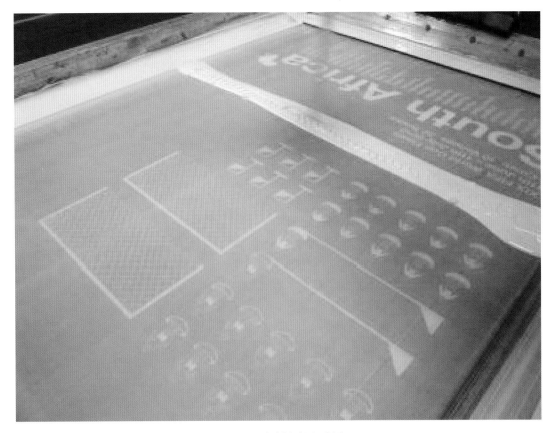

图 4-78　印版上倒入油墨

图 4-79　刮印刮板(刮刀)

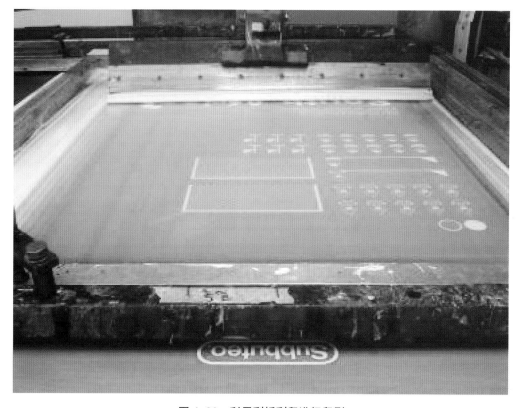

图 4-80　利用刮板刮印进行印刷

图 4-82 印刷完成效果

图 4-81 印刷完成后抬版

图 4-83 在其他纸张上印刷效果

思考与练习

1. 印刷的分类及各自特点？

2. 平版印刷的原理？

3. 试述丝网印刷的应用范围。

4. 以面值 100 元的人民币为例，用手触摸，分析凹版印刷的特点。

5. 丝网印刷的基本原理是什么？

第五章

印后加工与特殊印刷工艺表现

印后处理在整个印刷系统工程中处于最后一个环节，它是提升产品档次，使产品凸现视觉效果，实现商品功能增殖的重要手段。在印刷设计中，设计师已越来越意识到印后处理是使印刷品乃至包装的产品增殖的一项极重要的、印前工序与印刷工序都无法代替的手段。

第一节
印后加工与制作

一、模切与压痕

模切与压痕工艺在纸品印后加工过程中可一次完成，也可分开完成。它是将模切刀与模切钢线固定在一块有一定图形的模板上，经过机械压力将承印物分切、压线的过程。

模切的作用是将方正的平面承印物（印张）进行异型切割，也可按纸立体的成型要求进行分切，便于纸品立体成型。通过模切后的异形纸品设计如图5-1所示。

图 5-1　通过模切后的异形纸品设计

压痕的作用是将方正的承印物按照立体容器的要求进行压线，便于立体成型。压痕工艺可以把印刷好的纸品或者其他纸制品按照事先设计好的图形制作成模切钢线版进行压痕，从而使印刷纸品便于工艺折叠、弯曲或者让消费者参与使用制作。纸品压痕设计如图5-2所示。

设计时采用何种模切工艺，应根据模切设备的不同选择不同的工艺类型。根据设计要求、模切材料的类型，确定制作模切刀模工艺。模切压痕刀模按制作工艺分为普通模切、激光模切、旋转模切和衬垫模切。

1. 普通模切（钢刀模切）

钢刀模切是定制模切最常用的形式，其方法是按设计规格要求做成仿形"钢刀"，以冲压方式切出零部件。普通刀模制作工艺是将模切刀线复制在模板上，由机械切割到切割模板后，再将人工弯曲模切刀和模切

图 5-2　纸品压痕设计

钢线嵌入在机械切割模板上。钢刀模切板如图 5-3 所示，模切后的纸品如图 5-4 所示。

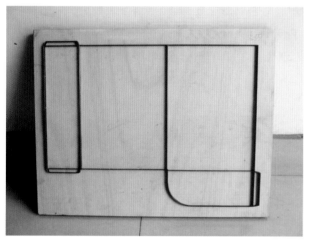

图 5-3　钢刀模切板

图 5-4　模切后的纸品

2. 激光刀模

　　激光刀模制作工艺是通过计算机绘制的图形，将由计算机控制机械弯制模切刀与模切钢线嵌入由计算机控制红外线激光束切割模板中。根据模切材料，选择模切刀和钢线。激光模切用于传统钢刀模切无法满足切削精度的材料，切削过程干净、无切削热生成。激光刀模适用于计算机辅助设计制作的切割和较大数量的生产制作。激光模切造型的纸品设计如图 5-5 所示。

图 5-5　激光模切造型的纸品设计

3. 激光切割

切割材料用平刀模切达不到预期效果时，应采取激光切割。不同于其他模具切割工艺，激光切割用非热能的激光束对客户指定的材料进行成型，从而达到定制的形状和尺寸。激光切割刀头按 CAD 生成的预设路径进行切割，适于大批量生产。当切割的精确度和速度要求很高时，激光切割是最理想的方案。该工艺普遍用于高硬度纸料及特种纸料等，这类纸料的材料坚硬，其他模切工艺无法完成切削。同时，由于激光切割工艺准确、快捷，也常用于快速打样以及设计样稿制作。精密激光切割纸品设计如图 5-6 所示。

图 5-6　精密激光切割纸品设计

4. 旋转模切

旋转模切主要用于大宗卷材切削。旋转模切适用于软性到半硬性材料，将材料压进圆柱形模具和圆柱形铁砧上的刀刃间实现切割。该形式常用于衬垫模切。

旋转模切的优点：批量折扣，成本低；加工快速，产量高，材料损耗低；适合"吻切"项目；切削精度高、公差小；可以与涂覆法和层压法结合进行。

5. 衬垫模切

衬垫模切也称模具切割，是使选定材料（片状或筒状）成型或转化成想要的形状和大小。模切的专业人员可协助加工垫片，从设计、切割到成品交货完全符合客户的项目要求。可采取多种切割方式，包括平刀模切、旋转模切、激光切割和水束切割，从而使衬垫达到各相应规格。

模切刀片由刀锋、刀身组成。根据所要模切的材料的不同，选择不同的模切刀刃类型。标准模切刀刃类型有以下几种。

（1）低锋：最通行的模切一般卡纸用的刀锋，欧洲较为流行。

（2）高锋：能降低切削较厚、较硬材料时所需的压力，如玻璃纤维板、橡胶、拼图、瓦楞纸、塑料等，在我国较为流行。

（3）单边高锋：除具有高锋刀的特点外，还使得材料成品的切割面达到90°垂直，而将变形面留存废料一边。

（4）特殊模切刀片：方齿刀、商业表格刀、针齿刀、手孔刀、涂胶刀、模切压痕组合刀、拉链刀、波纹刀、清废刀等。针齿刀模切后纸品设计效果如图5-7所示，拉链刀模切后纸品设计效果如图5-8所示，波纹刀模切后纸品设计效果如图5-9所示。

图5-7　针齿刀模切后纸品设计效果

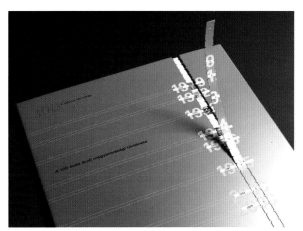

图5-8　拉链刀模切后纸品设计效果

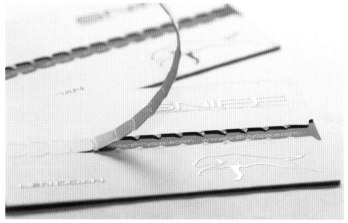

图5-9　波纹刀模切后纸品设计效果

根据所要模切的材料的不同，选择不同制作材料的模切刀片。

（1）模切刀片硬度的选择：模切刀片有软硬度之分，不同材料须选择不同硬度的模切刀片。模切刀片硬度刀锋、刀身均有。

（2）模切刀片厚度的选择：模切刀片有厚、薄之分，不同材料须选择不同厚度的模切刀片，厚度有0.35 mm、0.45 mm、0.71 mm、1.0 mm、1.05 mm、1.42 mm、2.13 mm等。

（3）模切刀高度的选择：模切刀高度有高、低之分，根据所要模切的材料的不同选择不同的模切刀高度。我国的标准刀高度为23.8 mm。根据产品加工工艺的要求可选择模切刀高度，高度一般为6~100 mm。

一般模切刀与模切材料选配表如表5-1所示。

表 5–1　一般模切刀与模切材料选配表

材 料 类 型	模切刀刀锋类型	模切刀高度
普通纸类、板纸类、卡纸类	低锋 / 高锋 / 单边低锋	23.8 mm
卡纸对裱类、瓦楞纸版类	高锋 / 单边高锋	

压痕的一般工艺流程为：将制作好的模压版安装固定在模切机的版框中，初步调整好位置；获取初步压痕效果的操作过程称为上版，上版前，要求校对压痕版，确认符合要求后，方可开始上版操作；接着调整版面压力，一般分两步进行，首先调整钢刀的压力，垫纸后先开机压印几次，目的是将钢刀碰平、靠紧垫版；然后用面积大于模切压痕板版面的纸板（通常使用 400~500 g/m²）进行试压，根据钢刀切在纸板上的切痕，采用局部或全部逐渐增加或减少垫纸层数的方法，使版面各刀线压力达到均匀一致；最后再调整钢线的压力，一般钢线比钢刀低 0.8 mm，为使钢线和钢刀均获得理想的压力，应根据所模压纸板的性质对钢线的压力进行。在只将纸板厚度作为主要因素来考虑时，一般根据所模压纸板的厚度，采用理论计算法或以测试为基础的经验估算法来确定垫纸的厚度。

采用理论计算法计算垫纸厚度的公式为：

垫纸厚度=钢刀高度–钢线高度–被压切纸板的厚度

规矩是在模切压痕加工中，用以确定被加工纸板相对于模版位置的依据。在版面压力调整好以后，应将模版固定好，以防在模压中错位。确定规矩位置时，应根据产品规格要求合理选定，一般以尽量使模压产品居中为原则。在确定并粘贴定位规矩以后，应先试压几张，并仔细检查。橡皮粘塞在模板主要钢刀刃的两侧，利用橡皮弹性恢复力的作用，可将模切分离后的纸板从刃口部推出。橡皮应高出刀口 3~5 mm，粘塞橡皮示意图如图 5–10 所示。

对压痕加工后的产品，应将多余边料清除，称为清废，也称落料、除屑、撕边、推芯等，即将盒芯从坏料中取出并进行清理。清理后的产品切口应平整光洁，必要时应用砂纸对切口进行打磨或用刮刀刮光。压痕制作后的纸品设计如图 5–11 所示。

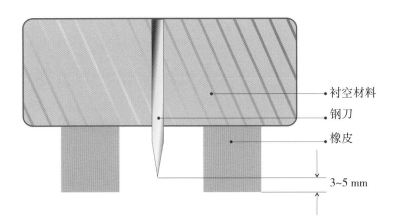

图 5–10　粘塞橡皮示意图

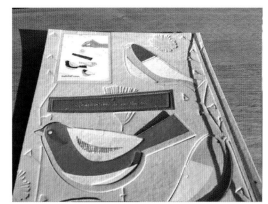

图 5–11　压痕制作后的纸品设计

模切压痕钢线的选择是根据所要模切压痕的材料的不同选择不同的模切钢线类型。模切钢线的类型有圆头线（单圆头线、双圆头线）、窄头线（尖头线）、激光线（大头线）、十字线等，一般选择单圆头圆。根据所要模切的材料的不同选择不同的模切钢线硬度。生产厂家不同，生产有不同硬度的钢线，一般选用中硬度模切钢线。根据所要模切压痕材料不同应选择不同的模切钢线厚度。

不同材料选择模切钢线表如表 5-2 所示。

表 5-2　不同材料选择模切钢线表

材料种类	模切钢线厚度 /mm
纸类、不干胶类	0.45
板纸类、卡纸类	0.71
卡纸对裱类、瓦楞纸板类	1.0,1.42,2.13

二、凹凸压印

凹凸压印又称压凸纹印刷，是印刷纸品表面装饰加工中一种特殊的加工技术。凹凸压印，不用油墨，只是利用压力在已经印好的纸品印刷品、白纸或板纸上压出各种凹凸图形和花纹，又称"轧凹凸"。凹凸压印制作的纸品设计如图 5-12 所示。

图 5-12　凹凸压印制作的纸品设计

凹凸压印的工艺原理是使用凹凸模具在一定的压力作用下，使印刷品基材发生塑性变形，从而对印刷品表面进行艺术加工、整饰。压印的各种凸状或凹状图纹，显示出深浅不同的纹样，具有明显的浮雕感，增强了印刷纸品的立体感和艺术感染力。镀锌版凹凸压印模具如图 5-13 所示。

凹凸压印印版以金属凸版居多，随着时代的发展，树脂版、木板，以及其他复合材料也被制作为凹凸压印印版，在纸品凹凸压印方面具有丰富、多变的艺术效果。树脂凹凸压印印版如图 5-14 所示，树脂凹凸压印印版压印后效果如图 5-15 所示。

凹凸压印是浮雕艺术在纸品印刷上的移植和运用，其印版类似于我国木版水印使用的拱花方法。印刷时，

图 5-13　镀锌版凹凸压印模具

图 5-14　树脂凹凸压印印版

图 5-15　树脂凹凸压印印版压印后效果

图 5-16　凹凸压印制作的纸品设计

不使用油墨而是直接利用印刷机的压力进行压印，操作方法与一般凸版印刷相同，但压力要大一些。如果质量要求高，或纸张比较厚、硬度比较大，也可以采用热压，即在印刷机的金属底版上接通电流。我们经常看到许多纸品印刷品上凸起或凹陷的花纹、图形，这些都是用凹凸压印方法制成的，此类纸品设计生动美观，具有较强的触感和立体感。凹凸压印制作的纸品设计如图 5-16 所示。

凹凸压印可以分成两种类型：一种是压凸纹，另一种是压钢线。

1. 压凸纹

压凸纹的凹版是用腐蚀或雕刻方法制成的，版材是铜板、钢板或镀锌板。将刻好的铜（钢）凹版粘在平压机的金属底板上，校平印版，并在压印平板上贴好黄纸板，校正压力；再用胶液、石膏粉和水调和成石膏糊，在粘有黄纸板的平板上迅速地铺上一层石膏糊，稍加摊平，用一张薄纸盖在石膏糊上面，再盖一薄层塑料膜，以免石膏粉嵌进印版花纹里。此后，就可用手工盘动机器，并逐渐增大压力，前后共分别压印两次，第一次压力要小，第二次适当加压，石膏糊完全干燥之后，便制成了石膏压印凸版。将印好的印刷品放在钢（铜）凹版与石膏凸版之间，用较大的压力即可进行凹凸压印。压印时的操作方法与一般三色版印刷方法基本相同，但压力要求较大。如果所用的印刷纸张较厚、较硬，则可利用热压方法，就是利用电热使金属凹版产生热量并同时压印，从而得到较独特的纸品压印效果。纸品压凸纹设计如图 5-17 所示。

图 5-17　纸品压凸纹设计

2. 压钢线

压钢线也称模切工艺。有些彩色印刷品的边缘,如某些纸品设计和其他一些精美的印刷品根据设计需要而制成为圆弧状的边缘,一般都不用普通的切纸机裁切,而是用压钢线方法压制。压钢线工艺另外一种方式是由机器滚轮在纸品上压制有规律的曲线或直线,从而达到一种有秩序的肌理构成,视觉效果与触觉效果也十分独特。纸品规则线压制设计如图5-18所示。

凹凸压印工艺的应用和发展历史悠久。在中国,早在20世纪初便产生了手工雕刻印版、手工压凹凸工艺,20世纪40年代已发展为手工雕刻印版、机械压凹凸工艺,20世纪50年代至60年代基本上形成了一个独立的体系。近年来,伴随纸品印刷设计尤其是卡片设计、邮递品设

图5-18 纸品规则线压制设计

计、型录设计、样本设计等高档次、多品种的发展趋势与需要,促使凹凸压印工艺设计更加趋于普及和完善,凹凸压印版的制作,以及凹凸压印设备逐步实现半自动化、全自动化。国外已实现了包括多色印刷机组在内的全自动印刷、凹凸压印生产线。纸品设计在印后加工制作过程中,利用凹凸压印工艺,运用深浅结合、粗细结合的艺术表现方法,使纸品的外观在艺术和视觉效果上取得更完美的体现。全自动凹凸压印粘贴一体机如图5-19所示。

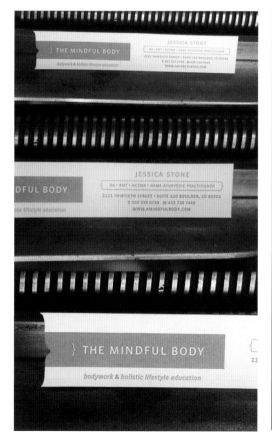

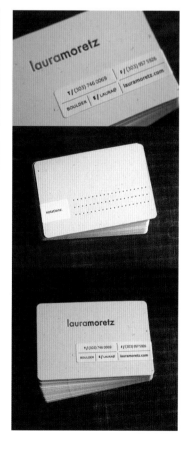

图5-19 全自动凹凸压印粘贴一体机

三、凸版印金

1. 凸版印金艺术效果

适当点缀金色在纸品上，将使纸品的设计显得华丽、高贵，身价倍增。为了使印金产品获得较好的视觉效果，应认真分析探讨金墨的物理、化学性质以及产品设计与制版工艺，力求印出精美的印金产品，达到满意的设计效果。凸版印金要根据金墨特点、用纸性质，设计印金版面结构。只有注意所采用纸张的性质，才能取得良好的印后效果。如铜版纸、玻璃粉卡纸等光滑度好的纸张，可采用大面积的金版，但又要考虑到纸面光亮洁白这一特点，在底色金版中要注意突出露白装饰，即利用纸面光泽与金色版面的相互衬托，力求让版面达到高贵典雅的视觉美感效果。凸版印金设计效果如图5-20所示。

2. 凸版印金工艺特点与技巧

印刷胶版纸等纸面光滑度较差的纸应尽量避免大面积印金。另外，在同一版面上，图文大小、粗细不宜相差太大。阴字、阴图、阳字不宜太细小，以免出现糊版现象。金色版面应尽量叠印于对比较强烈颜色实地上，如白色底、红色底上印金效果较好，而印在橙色、土黄色或黄色底上，效果就不明显。同时，要保证印刷压力均匀充分，是防止印刷发花，保证印刷质量的工艺要求。传统的木底托装版，容易因底托缺乏坚实和平整度，产生不良的印刷效果而不宜采用。因此，印金版托应采用抗压强度高、平整度好的金属性材料，如磁性版托、铝底托等，可较好地防止印刷中途压变异以及产生墨色发花的现象。当版面不够平整时，可在滚筒包衬中用剪贴纸贴垫，粘贴位置要准确，胶液要薄刷而均匀，以确保印刷版面压力足够又均匀，保持良好的墨色质量。金色印版与其他颜色印版套色印刷设计如图5-21所示。

图5-20　凸版印金设计效果

图5-21　金色印版与其他颜色印版套色印刷设计

3. 凸版印金印刷注意事项

凸版印金与印其他彩色版不同的是，它要求匀墨辊和着墨辊越少越好，这是因为印刷机转速越快，墨辊之间转动摩擦所产生的热量就越大，就会促使金墨中的调金粉颗粒残留在墨辊上凝结干燥，剩墨的堆积就越来越多，必然造成金墨传递性能下降。另外，由于墨辊太多，金粉不能很快地传递到印版上，伴随着墨辊摩擦系统的增加，金粉表面的保护层（即硬脂酸等物质）容易被破坏掉，而致使金粉氧化变色，失去光亮效果。印刷金墨还要选用既柔软又富有良好弹性的胶辊，胶辊表面必须光洁、平整，无划伤痕迹。胶辊表层有硬化、龟裂、皱纹结皮层的不能使用。印刷时还应合理调整好胶辊与铁辊间的压力，相邻墨辊两边都应保持良好的接触。着墨辊与印版间的接触滚刷也应保持轻而均匀，以避免发生糊版。

四、烫印

烫印，俗称"烫金"。烫印与凸版印金不同，烫印指在纸张、纸板、织品、涂布类等物体上，用烫压方法将烫印材料或烫版图案转移在被烫物上的加工。烫印的实质就是转印，是把电化铝上面的图案通过热和压力的作用转移到承印物上面的工艺过程。烫印与凸版印金相比，视觉效果更加炫目，色彩更加闪亮。烫印如图 5-22 所示。

1. 烫印工艺原理

当印版随着所附电热底版升温到一定程度时，隔着电化铝膜与纸张进行压印，利用温度与压力的作用，使附在涤纶薄膜上的胶层、金属铝层和色层转印到纸张上。其形式多种，如单一料的烫印、无烫料的烫印、混合式烫印、套烫等。但是在设计中，应合理地把握烫印的面积比例，烫印面积不宜过大，否则会出现俗气、拜金等负面的视觉心理影响。烫印在纸品印后加工中应用非常广泛，特别是烫金设计，印后纸品表面非常光洁平整、线条挺直、见棱见角、不塌边，表现出现代的精加工技术，有强烈的现代高贵感。烫印箔的品种也很多，有亮金、亮银、亚金、亚银、刷纹、铬箔、颜料箔等，外观装饰效果非常好。国产金属箔的宽度为 450 mm，日本产金属箔的宽度为 600 mm。设计上尽可能不要超规格，否则须烫印两次才能完成，无形中增加了工时与成本。

2. 烫印种类与方法

1）平烫

顾名思义，是指基准面是平面的印模，烫印在平面的工件上或工件的某一部分平面上（平烫平）。这种印模可以是凸出的图文，烫印在平面上，也可以是平整的硅胶板，烫印在凸起的图文上。平烫如图 5-23 所示。

图 5-22　烫印

图 5-23　平烫

2）滚烫

滚烫的压印部分是一个被加热的硅橡胶辊，它可在平面上滚烫——圆烫平，也可以在圆弧面上滚烫——圆烫圆。另外一种工艺与圆烫平不同，仍是用平板烫印，工件为圆柱形，它在压烫时，边滚边烫前进，达到圆周面上被烫印的目的，这是平烫圆。

3）现代热烫印

热烫印技术是指利用专用的金属烫印版，通过加热、加压的方式将烫印箔转移到承印材料表面。热烫印技术的优点主要包括以下几点。

（1）质量好，精度高，烫印图像边缘清晰、锐利。

（2）表面光泽度高，烫印图案明亮、平滑。

（3）烫印箔的选择范围广，如不同颜色的烫印箔，不同光泽效果的烫印箔，以及适用于不同基材的烫印箔。

（4）热烫印工艺还有一个突出的优点，就是可以进行立体烫印。采用电脑数控雕刻制版（CNC）方式制成立体烫印版，使烫印加工成的图文具有明显的立体层次，在印刷品表面形成浮雕效果，并产生强烈的视觉冲击效果。立体烫印能够使纸品设计具有一种独特的视觉效果和触觉效果。

正是由于热烫印工艺具有上述诸多优点，受到了广大用户和消费者的青睐，应用十分广泛，但是，热烫印工艺需要采用特殊的设备，需要加热装置，需要制作烫印版，因此，获得高质量烫印效果的同时也要注意设计及印刷制作成本的核算。现代热烫印——烫印铝箔效果如图 5-24 所示。

4）现代冷烫印

冷烫印技术是指利用 UV 胶黏剂将烫印箔转移到承印材料上的方法。冷烫印工艺又可分为干覆膜式冷烫印和湿覆膜式冷烫印两种。

干覆膜式冷烫印工艺是对涂布的 UV 胶黏剂先固化再进行烫印。冷烫印技术刚刚问世时，采用的就是干覆膜式冷烫印工艺。干覆膜式冷烫的主要工艺步骤如下。

（1）在卷筒承印材料上印刷阳离子型 UV 胶黏剂。

（2）对 UV 胶黏剂进行固化。

（3）借助压力辊使冷烫印箔与承印材料复合在一起。

（4）将多余的烫印箔从承印材料上剥离下来，只在涂有胶黏剂的部位留下所需的烫印图文。

值得注意的是，采用干覆膜式冷烫印工艺时，对 UV 胶黏剂的固化宜快速进行，但不能彻底固化，要保证其固化后仍具有一定的黏性，这样才能与烫印箔很好地黏结在一起。干覆膜式冷烫印效果如图 5-25 所示。

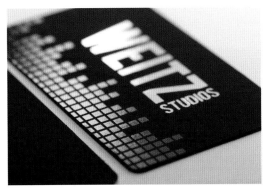

图 5-24　现代热烫印——烫印铝箔效果

图 5-25　干覆膜式冷烫印效果

烫印"烫金"与凸版印金相比，烫金的光泽度和质感要比凸版印金强得多，具有强烈的视觉冲击力。然而，印金显得典雅、稳重、沉着。如果能在纸品的同一版面的不同部位分别采用烫金与印金，能产生衬托对比、相得益彰的艺术效果。

五、扫金

扫金就是通过特殊工艺，在纸品指定部位附着特种金属粉末，来实现金属光泽效果的工艺过程，是纸品表面整饰的新技术。与凸版印金、烫印不同的是，纸品设计使用扫金技术能得到逼真的金属质感和较好的光泽，同时图纹精细，套印准确。

扫金的制作原理是将需要扫金的印张放在单色或双色胶印机上，在需要扫金的部位用专用 PS 版印涂一层黏性胶，然后印张通过进纸装置进入扫金机，扫上金粉并经抛光、揩金等即可完成。扫金工艺的特点在于操作工艺简单，速度快，成本较低，无论图文粗细、面积大小都能获得较好的效果。扫金后的产品其金属砂粒感和光漫反射效果更好，金属质感更真实，给人视觉上明显的立体感。不同于印金和烫金，扫金的颜色丰富多彩，除了最常用的金色外，还有银色、红铜色、绿色、石墨色、棕褐色、柠檬黄、孔雀蓝，以及近来在欧洲和北美使用很广泛的仿钻石金粉和镭射金粉。这些金粉有不同的粒径，能显示各种各样的独特效果。由于扫金所获得的仿金效果与印金、烫金和磨砂印刷不同，比较独特，不易模仿，所以也具有一定的防伪功能。金色和红铜色扫金效果如图 5-26 所示。

图 5-26　金色和红铜色扫金效果

第二节
纸品印后特殊工艺表现

一、镭射卡纸印刷工艺

镭射卡纸颜色有镭射银卡、镭射金卡两个色系，可做成彩虹卡和局部全息图覆膜卡。根据设计的要求可局部处理、图案处理，经过处理的设计有极高的艺术视觉效果。镭射卡纸印刷工艺有色彩靓丽、璀璨夺目、视觉效果强烈等特点。镭射金卡纸印刷工艺效果如图 5-27 所示，镭射银卡纸印刷工艺效果如图 5-28 所示。

图 5-27　镭射金卡纸印刷工艺效果

二、磨砂工艺

磨砂工艺适用于镀铝膜、铝箔纸及其他特种纸品设计，能产生出金属蚀刻的效果。根据设计特点的不同，可采用不同的肌理，印刷出粗细不同的磨砂质感。磨砂工艺具有强烈的金属质感、色彩和谐高贵、手感舒适等特点。磨砂工艺印刷效果如图 5-29 所示。

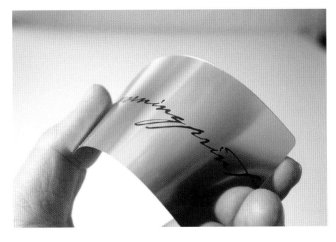

图 5-28　镭射银卡纸印刷工艺效果

图 5-29　磨砂工艺印刷效果

三、凹印珠光印刷工艺

凹印珠光印刷工艺适用于白卡、玻璃卡、镀铝膜卡纸及其他类型纸料印刷设计。根据设计的需要，可选择不同的珠光粉，调成各种珠光专色。凹印珠光印刷工艺具有类似于珍珠般的光泽、色彩柔和、质感细腻、高贵典雅等特点。凹印珠光印刷工艺效果如图 5-30 所示。

图 5-30　凹印珠光印刷工艺效果

四、热敏凸字工艺

热敏凸字工艺印刷后，无须凹凸压印就有很明显的立体效果，热敏凸字粉有荧光、哑光及多种颜色效果。热敏凸字工艺特点是精细程度高，色彩效果丰富。热敏凸字工艺印刷效果如图5-31所示。

图5-31　热敏凸字工艺印刷效果

五、先烫后印

先烫后印工艺改变常规印刷程序，在先烫金的局部图案上印刷颜色（可选择不同颜色、材料的电化铝）。此技术对设备精度要求极高。先烫后印工艺特点是层次感强，视觉效果突出，具有一定防伪作用。先烫后印印刷效果如图5-32所示。

六、局部 UV 印刷工艺

局部 UV，即局部 UV 上光，是印刷品表面整饰技术的一种。因其采用具有较高亮度、透明度和耐磨性的 UV 光油对印刷图文进行选择性上光而得名。局部 UV 印刷工艺在突出版面主题的同时，也极大提高了纸品表面的视觉与触觉效果。局部 UV 主要应用于纸品印后整饰方面，以达到为纸品设计锦上添花的目的。局部 UV 印刷工艺印刷效果如图5-33所示。

图5-32　先烫后印印刷效果

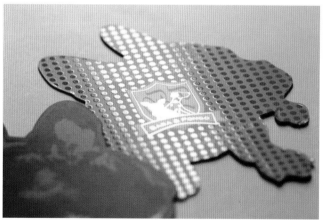

图5-33　局部 UV 印刷工艺印刷效果

第三节
特种油墨

随着印刷技术、材料学、计算机科学及多种交叉学科的发展，新型高科技油墨也越来越多地得到应用，其用途多是应对一些特殊的要求：如对油墨干燥效果的要求，提高干燥速度和干燥的环保性是现在主流的诉求。新型油墨用于纸品设计印刷主要是为了提高纸品设计的视觉独特性，各种新型油墨除了正常表达相应的色相外，还能在外来的光、热、试剂或磁场的作用下发生特殊的变化，以此来作为设计表现创新的手段。特种类型的油墨也可以通过改变油墨的配方或在油墨中添加一些特殊的敏感材料如光敏材料、热敏材料、磁性材料等来实现其独特的审美意味。

一、金银墨

金银墨以能够表现印刷品的特殊金属质感为特点，目前在纸品印刷中使用较为普遍。金墨中的金粉由一定比例的铜和锌组成，并根据铜、锌比例不同又分为青金和红金。其中青金中锌的比例较高，红金中锌的比例较小。另外，金粉还可由铝粉和透明的黄墨组成，但光泽度不如前者。金墨印刷纸品如图5-34所示。

图 5-34　金墨印刷纸品

银墨中所采用的银粉实际上就是铝粉，由65%的片状铝粉与35%的挥发性碳氢类溶剂组成，其密度较小，易于在连接料中漂浮。金银墨的连接料称为调金油或调银油，主要成分是油、树脂、有机溶剂和辅助材料。一般采用酸值或胺值极低的树脂，如硝酸纤维素、聚乙酸乙烯酯、聚酰胺树脂。在金银墨的配制过程中常会用到亮光浆，用来改善油墨的光泽度。在改善油墨流动性方面，一般采用邻苯二甲酸二丁酯和0号调墨油，同时也要加入一些干燥剂，加速油墨干燥。金银墨调和比例：

青铜粉（800~1000目/英寸）：55%

树脂调墨油（低酸值）：30%

胶质油：9%

0号调墨油：3%

催干剂（钴干燥剂）：3%

在印刷金银墨时要注意控制印刷环境的温度、湿度和印刷速度。一般来说，相对湿度控制在55%~60%，温度控制在20~28 ℃为宜。湿度过高，空气中水蒸气的含量高，容易使金墨发生变色，而且还会影响纸张承印物材料的含水量，发生变形，从而造成套印不准等故障。如果湿度太低，空气太干燥，容易发生静电现象。同时，印刷速度不能太快，否则由于摩擦作用而产生的热量不断积累，很容易使金墨氧化变黑，不仅影响金属光泽，还有可能造成糊版。青金色印刷效果如图5-35所示，红金色印刷效果如图5-36所示。

图 5-35　青金色印刷效果

图 5-36　红金色印刷效果

二、珠光油墨

珠光油墨是特种油墨中的一种，其印刷品具有细腻的珍珠般光泽和较强的光折射率，能够提升印刷品的档次，主要用于高档纸品设计印刷。珠光油墨中的珍珠油墨又可称为珊瑚油墨，珍珠油墨具有一层透明的珍珠光泽表面，如果印得厚，气泡聚集在一起形成珊瑚状的花纹，如果印得薄，形成小珍珠粒状，也别有风味。透过油墨层，你可以看到珍珠油墨覆盖下的颜色，而且在印刷上珍珠油墨后，原有的颜色显得更加有光泽。珍珠油墨可以使一个普通的纸品印刷品变得很生动。珠光油墨印刷品如图 5-37 所示。

与普通油墨一样，珠光油墨也是由颜料、连接料、填充料和助剂等物质组成，并具有一定流动度的浆状胶黏体。不同的是，珠光油墨的颜料采用的是特殊的珠光颜料。这种颜料是一种既不溶于水也不溶于连接料的新型颜料，这种颜料可以再现珍珠、贝壳等所具备的珍珠光泽。早在 17 世纪，欧洲大陆就开始制造珠光颜料，目前最普遍的珠光

图 5-37　珠光油墨印刷品

颜料是由锐钛型或金红石型二氧化钛包覆云母薄片构成的，能够表现出多种细腻、柔和的银白光泽，这种高雅大方的色泽，越来越被人们所喜爱和接受。需要特别指出的是，由于珠光颜料是片状结构，非常脆，极容易破损，在分散过程中，不允许像普通油墨那样进行研磨，否则会破坏珠光颜料的结构，影响印刷品的光泽和珠光效果。胶印珠光油墨的基本配方如下：珠光颜料 20%~50%；填充料 10%~20%；连接料 30%~70%；助剂 1%~10%。

由于珠光油墨颜料的特殊性，珠光油墨的印刷适性并不是很理想。首先，珠光油墨不适合网目调印刷。这是因为珠光油墨所用颜料是片状的锐钛型或金红石型二氧化钛包覆云母薄片，所以珠光颜料需要在有序的排列之后，才能使印刷品达到满意的珠光效果。而网目调印刷不利于颜料的有序排列，因此珠光油墨比较适合实地色块的印刷。其次，珠光油墨印刷中特别容易出现印刷品粘脏现象，这是因为胶印珠光油墨的黏性小，流动性大，珠光颜料的颗粒大，且多用来印刷实地，用墨量大，一般为普通胶印油墨的 2~3 倍，印刷墨层相对较厚，容易发生粘脏。因此，要适当喷粉，并控制适当的堆叠高度。珠光油墨在印刷中还要注意控制好印刷车间的温度、湿度和润版液的用量，珠光油墨的印刷墨层比较厚，油墨的干燥速度较普通胶印油墨慢，此时不可用添加干燥剂的方法调整，而是需要控制纸张和印刷环境的温度、湿度。环境温度应当控制在（25±3）℃、相对湿度控制在 55%左右为最佳。由于胶印珠光油墨比较稀软，在印刷过程中容易发生乳化，所以在不脏版的情况下，把给水量控制到最小，润版液的 pH 调整到 5 左右比较适宜。

随着时代及科技的发展，珠光油墨的市场前景也被业内人士看好，特别是在高档纸品的印刷方面，珠光油墨具有较强的竞争力和发展潜力。虽然目前珠光油墨的市场占有率和用量还比较小，但是，珠光油墨属于在行列今后发展速度较快的油墨。

三、闪光油墨

闪光油墨内部具有很大片的聚酯薄膜，这样印出的印品就有一种闪闪发光、反射力强的效果。闪光油墨是在涂料中加入一些闪烁体，一般闪烁体较粗时其闪光效果较好，但难以通过丝网。选用既较细闪光，效果又较好的闪烁体是制造优质闪光油墨的关键，当然印刷制作生产成本也较高。和微光油墨不同的是，经过闪光油墨印刷后的印品在清洗之后表面依然会很光亮而不会变得暗淡。闪光油墨有许多不同的颜色。闪光聚酯薄膜很大，因此闪光油墨只可以用在对细节要求不高的设计上。闪光油墨印刷品效果如图 5-38 所示。

四、荧光油墨

荧光油墨是指在可见光或紫外线的照射下可发出荧光的油墨。作为一种特种油墨，荧光油墨主要应用于防伪印刷领域，如应用于钞票、银行支票、邮票、证卡的防伪和印刷等。荧光油墨在纸品设计印刷中，可采用凹印、胶印、柔印、丝印等印刷方法。荧光油墨的主要成分是荧光颜（染）料，它是功能性发光颜料，与一般颜料的区别在于：当外来光（含紫外光）照射时，吸收一定形态的能，不转化成热能，而是激发光子，以可见光形式将吸收的能量释放出来，产生不同色相的荧光现象。不同色光结合形成异常鲜艳的色彩，而当光停止照射后，发光现象即消失。荧光油墨印刷品效果如图 5-39 所示。

图 5-38　闪光油墨印刷品效果

图 5-39　荧光油墨印刷品效果

荧光油墨是使用荧光颜料加入一定比例的高分子树脂连接料、填充料、稳定剂和干燥剂，研磨加工或用制墨三辊研磨机加工而成。根据其分子结构的不同可分为无机荧光颜料和有机荧光颜料。无机荧光颜料又称为紫外光荧光颜料，它是由金属（锌、铬等）硫化物或稀土氧化物与微量活性剂配合，经煅烧而成，无色或浅色，在紫外光照射下呈现不同颜色。其稳定性好，但在油性介质中难以分散，耐水性差，对版材有一定磨损和腐蚀作用。有机荧光颜料又称日光型荧光颜料，主要是含有荧光染料的合成树脂固溶体，是由荧光染料（荧光体）充分分散于透明、脆性树脂载体中而制成。当日光照射时，发射不同于普通颜色的高亮度可见光，通过适当掺和或配以适量的非荧光颜料，可得到不同色调的荧光颜料。有机荧光颜料特点是容易合成，在油性介质中分散性好，但多是日光激发，目前多数稳定性不好。此外，还有有机稀土荧光配合物，它具有制备简单、易细化、在油性介质中分散、溶解性好，在可见光下无色，在紫外光激发下表现出较强的荧光效果且稳定性高等优点，但成本较高。由于有机稀土荧光配合物荧光墨黏度小，极易在印刷中引起乳化而产生浮脏或墨辊脱墨的现象，特别是无色透明墨，须常检查，以防止出现由于脱墨而产生的漏印现象，因此，这类荧光墨一般不适合平版印刷。

目前，荧光油墨的主要印刷方式为网版印刷。这是因为网版印刷具有印刷墨膜厚的特点，非常适合荧光油墨印刷。经网版印刷的荧光油墨印刷品可形成均匀一致的油墨膜层，这是良好的光泽、稳定性和耐风化性所需要的。同时，理想的荧光油墨承印物是白度高的纸张和乙烯类薄膜，在这些承印物上印刷可获得较好的印刷效果。下面是荧光丝网油墨的配方：

色料，由荧光染料制成的固体颜料，占比 45%；

连接料羟乙基纤维素，占比 5%；

松香季戊四醇酯，占比 16%；

石油溶剂，占比 28%；

丁基溶纤剂，占比 3%；

甲苯，占比 3%。

应用荧光油墨进行印刷时应注意以下几个方面。

（1）在使用荧光油墨前，必须彻底洗净墨辊、印版等相关部件，以免混入其他颜色，当然最好使用新墨辊。

（2）荧光油墨与普通有色墨的颜色搭配时以无色红印油墨荧光效果最好。无色红印蓝墨或无色蓝印红墨荧光效果较差。底色的深浅不同，对荧光亮度有较大影响，油墨底色越深荧光效果越差。另外要注意，荧光油墨不能与大量普通有色油墨混合配色，并尽量不要与一般的油墨混合使用，否则会失去荧光效果。

（3）由于荧光油墨耐光性差，不适于使用在长期在室外使用的印刷品上。另外，当承印物是透明物体时，在印刷荧光油墨前最好先印一层白色油墨，可提高荧光效果。荧光油墨不宜使用干燥剂，最好不加罩光油或用透明度较好的亮油。

（4）为提高印刷效果，要合理安排印刷色序。纸张印刷时，荧光油墨一般做最后色印，否则会被其他油墨遮盖，影响发光效果。透明塑料印刷时，情况有所不同。外印时荧光油墨做最后一色；内印时，做第一色。荧光油墨用于底色时，如能用同类色进行印刷，颜色饱和度可提高，耐光性也有所改善。

（5）注意控制印刷压力。由于无机荧光物等是晶体发光的，若压力过大，会使晶体破裂，从而使发光亮度降低，所以一般不采用凸版印刷。而在进行网印、凹印等印刷时，除注意其黏性、连接料、干燥性等特性外，还要注意印刷压力的调节，不宜使印刷压力过大，影响印刷效果。

（6）控制印刷速度。由于荧光墨流动性大，干燥较为缓慢，如果墨层较厚，快速印刷时容易因墨未完全干燥而产生铺展造成糊版，所以印速不能太快。

五、能量固化油墨

能量固化体系的油墨是利用外部能量使油墨完成干燥的油墨。在能量的辐射下，这种油墨能迅速干燥，同时没有溶剂挥发，安全、环保。目前这种体系的油墨主要包括紫外线固化油墨和电子束固化油墨。

1. 紫外线固化油墨

紫外线固化油墨，简称 UV 油墨，是当前应用非常广泛的一种较成熟的能量固化油墨，100%的反应活性组分，不含挥发性溶剂，其污染物排放几乎为零。UV 油墨不用溶剂，干燥速度快，光泽好，色彩鲜艳，耐水、耐溶剂、耐磨性好。UV 油墨印刷纸品效果——书籍设计如图 5-40 所示，UV 油墨印刷纸品效果——卡片设计如图 5-41 所示，UV 油墨印刷纸品效果——型录设计如图 5-42 所示。

UV 油墨主要由颜料、光固树脂、单体（交联剂）、光引发剂、填料和助剂等成分混合而成。 UV 油墨是

图 5-40　UV 油墨印刷纸品效果——书籍设计

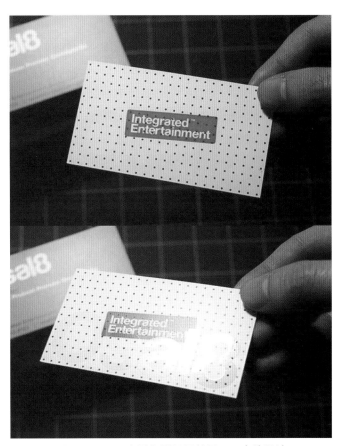

图 5-41　UV 油墨印刷纸品效果——卡片设计

利用紫外线的照射，引起油墨连接料的聚合反应而完成干燥的。其干燥速度约为 1/10 s，印刷线速度可达150 m/min，因此不用担心粘脏问题，也无须对印品进行喷粉；由于油墨在紫外线照射之前不会干燥，所以印版和橡皮布上的油墨清洗方便；同时 UV 油墨的干燥不受纸张和润版液的影响，UV 油墨可适应一些非吸收性材料的印刷，如塑料、铁皮等，所以它可以适应多种承印物。UV 油墨是在紫外光的照射下，光聚合引发剂吸收能量产生自由基，自由基在高速活动下，与树脂和单分子化合物产生碰撞，将能量传递给树脂和单分子化合物，树脂和单分子化合物吸收能量后激发含有聚合性的不饱和双键的聚合物和单体，即树脂和单分子化合物，它们打开双键，开始进行交联反应，即交联固化，光引发剂失去能量后又恢复原来的状态。因此，UV 油墨必须要有 UV 光来固化，否则无法使用。

UV 油墨的固化过程是一个光化学反应的过程，即在紫外线能量的作用下，预聚物在极短的时间内固化成膜，紫外线除了造成油墨的表面固化外，更能渗

图 5-42　UV 油墨印刷纸品效果——型录设计

透液状的紫外线固化油墨中，并刺激深层墨膜的进一步固化。传统油墨中以油为主要基础的油墨是在氧化作用下凝固的，而以溶剂或水为基础的油墨主要是靠水或溶剂的蒸发而固化，部分油墨能渗入纸张。因此与传统油墨相比较，紫外线固化油墨的聚合干燥要更为彻底，没有任何蒸发或溶剂性的污染物，墨膜100%固化。

与普通油墨相比，UV油墨主要有以下优点。

（1）干燥快速，性能优良。UV油墨在UV光照射下，只需1/10秒到几秒即可彻底干燥固化，速度很快。在联机印刷的传递中即可干燥，保证印后可随即进行后加工，有利于后加工工序的进行，节省成品周期。此外，由于UV油墨只有在紫外线的照射下才会干燥，油墨在印刷过程中甚至在墨斗中长期存放，其性能也能保持稳定，也不会出现在墨辊上结皮的现象。

（2）节省能源，符合环保。UV油墨比除自然蒸发干燥油墨外的任何油墨更节省能源，较少浪费。与传统油墨相比较，UV油墨的聚合干燥要更为彻底，油墨固化后固含量接近100%，没有任何蒸发或溶剂性的污染物，墨膜100%固化，几乎不含VOC，即固化过程中不会或非常少放射出挥发性的有机化合物，不会造成危害性较强的环境污染，使印刷环境空气较清新，气味小，有利于环保和职工的身体健康，对环境无污染，符合环保和绿色印刷的要求，是一种环保型的油墨。此外，油墨闪点高（100 ℃以上），不易燃烧，节省热能，使用安全。

（3）设备占地面积小。与热干燥相比，干燥装置的占用面积少。印刷可流水作业，节省人力，经济实惠。

（4）在干膜厚度相同的情况下，印刷面积大。此外，印刷品颜色稳定性好，光亮度高。

（5）油墨颗粒小，可印精细图文。UV油墨能够提供鲜艳、光亮的色彩，保证印刷品光泽好，色彩鲜艳；由于印品墨层结实、快干及交联，这样的墨层具有较高的耐摩擦性能和耐化学性能。因此UV油墨可用于需要耐磨的外包装印刷。

（6）印刷适应性强，承印范围广。UV油墨能满足于多种承印物的需要，范围非常广泛，如纸张印刷、塑料印刷、卷尺印刷、印刷电路板、铬版印刷、电子零件印刷、金属表面印刷、铝箔面印刷等。在印刷方式上，UV油墨可适用于凸（柔）版、凹版、丝网版、胶版等多种印刷方式。

UV油墨是一种环保性油墨，不包含挥发性的成分，如溶剂或水，不会使色彩和印刷特性产生变化。在印刷过程中UV油墨易保持色彩和黏度的稳定，一旦在印刷前将墨色调整好后，在印刷机上的调整工作量就非常小，也无须再加入其他的添加剂。印刷中途停机时，在墨辊和网纹辊上的油墨也不会干燥结皮。干燥后的UV油墨层表面具有极高的耐磨性和化学稳定性，且具有很高的遮盖力和光泽度。UV技术能带来较高的经济效益，如提高产量、交货期缩短、节省空间、印刷品色彩鲜艳、图像清晰度高等，无论从环保的角度来考虑，还是从技术发展的角度来考虑，UV油墨都有广阔的应用前景。UV油墨印刷制作效果如图5-43所示。

2. 电子束固化油墨

电子束固化油墨，简称EB油墨，是指在高能电子束的照射下能够迅速地从液态变为固态的油墨，是一种新型的环保油墨。EB油墨的主要优点是不污染环境，其成分中也不含危害人体的有机挥发物质，运行费用低、生产效率高、能耗低、印刷质量稳定、可重复性好、印刷品光泽度高、立体感强。

EB油墨的固化机理与UV油墨相同，所以油墨成

图5-43 UV油墨印刷制作效果

分相似。不同的是 EB 油墨依靠能量更高的电子束射线使油墨在瞬间固化，由于电子束能量极高，油墨配方中不必加入光引发剂，其他成分完全与 UV 油墨相同。EB 油墨在颜料的选择上要注意所选颜料必须在高能量电子束照射下，颜色不发生变化。在连接料方面，EB 油墨则选择流动性较好的丙烯酸类树脂和组合型活性稀释剂单体。除了不需要光引发剂外，EB 油墨的 1/200 s 内的固化速度也远远优于 UV 油墨。另外 EB 油墨所使用的电子束干燥属于冷加工，其耗能和释放的热量都比较小，同时散发的气味也较小。EB 油墨的缺点主要是对配套的固化设备要求比较高，为保障人身安全，需要昂贵的照射防护装置，印刷时还需要通入惰性气体，否则固化效果差，墨层发黏和发黄。随着 EB 油墨的原料和配套设备的降价以及设计配方的进一步成熟，EB 油墨将成为可以大力推广的实用、经济型油墨。EB 油墨"印白墨"纸品印刷效果如图 5-44 所示。

图 5-44　EB 油墨"印白墨"纸品印刷效果

思考与练习

1. 论述什么是印后加工？印后加工在整个印刷过程中起到什么作用？

2. 试述 UV 油墨的特点与印刷工艺的要求。

3. 印刷品表面模切加工有什么意义？

4. 什么是凹凸印？

5. 试着总结论述各种特殊油墨的特点及印刷效果。

6. 收集身边令你过目不忘的印刷品，分析其印刷的特点及特殊效果。

附录 A　常用印刷术语

●出血：任何超过裁切线或进入书槽的图像。出血必须确实超过所预高的线，以使在修整裁切或装订时允许有微量的对版不准。

●CMYK：四种印刷颜色——青色 cyan、品红色 magenta、黄色 yellow、黑色 black。而 K 取的是 black 最后一个字母，之所以不取首字母，是为了避免与蓝色 (blue) 混淆。

●色域 (color gamut)：可以被彩色打印机处理的全部颜色。

●分色 (color separation)：将原稿转化为与彩色印刷过程相兼容的结构形式的方法。

●裁切线 (crop marks)：印在纸张周边用于指示裁切部位的线条。

●直接制版 (direct-to-plate)：将已排版的数字页面文件由主计算机直接输出到激光制版机，免除了底片的制作，也称作 CTP (computer-to-plate)。

●照相排字机 (filmsetter)
激光照排机的另一外名称，主要用于制作图像分色片。

●四色印刷 (four-color printing)：用减色法三原色颜色（黄、品红、青）及黑色进行印刷，如果采用黄、品红、青、黑四色油墨以外的其他色油墨来复制的印刷工艺，不应将其称"四色印刷"而应称作"专色印刷"或"点色印刷"。

●灰平衡 (gray balance)：色彩复制过程的重要特性。青、品红、黄油墨或呈色剂的调和可以产生颜色空间中的非彩色中性灰。

●平版印刷 (planographic printing)：用平版施印的一种印刷方式。

●胶印 (offset lithography)：印版上的图文先印在中间载体（橡皮滚筒）上，再转印到承印物上的印刷方式。

●胶印机 (offset printing press)：按照间接印刷原理，印版通过橡皮布转印滚筒将图文转印在承印物上进行印刷的平版印刷机。

●印刷工艺 (printing technology)：实现印刷的各种规范、程序和操作方法。

●DTP (desktop publishing system) 彩色桌面出版系统：将图像、文字输入计算机中，利用计算机进行图像的处理与加工、图形的绘制，然后将图形、图像、文字拼合成整页版面，利用激光照排机将此电子版面输出，成为晒版原版。

●CTP (computer to plate) 计算机直接制版：印刷技术的进一步发展，不仅可由原稿直接制版，而且实现了计算机出版系统与印刷机直接接口，从原稿到印刷一步完成。

●间接印刷 (indirect printing)：印版上图文部分的油墨，经中间载体的传递，转移到承印物表面的印刷方式。

●原稿 (original)：制版所依据的实物或载体上的图文信息。

●印版 (printing plate)：用于传递油墨至承印物上的印刷图文载体。通常划分为凸版、凹版、平版和丝网版四类。

●承印物 (printing stock)：能接受油墨或吸附色料并呈现图文的各种物质。

●制版 (plate making)：依照原稿复制成印版的工艺过程。

●图像制版 (image reproduction)：用手工、照明、电子等制版方法复制图像原稿的总称。

●网目调 (halftone,screen tone)：用网点大小表现的画面阶调。

●阳图 (positive image)：在黑白和彩色复制中，色调和灰调与被复制对象相一致的图像。

●阴图 (negative image)：在黑白和彩色复制中，色调和灰调与被复制对象相反的图像。

●分色 (color separation)：把彩色原稿分解成为各单色版的过程。

●计算机照相排版系统 (computerized phototypesetting system)：由字符及排版指令输入装置、校改装置、校样输出装置、控制装置及照排主机等组成的成套排版设备。

●拼版 (make-up)：将文字、图表等依照设计要求拼组成版。

●晒版 (printing down)：用接触曝光的方法把阴图或阳图底片的信息转移到印版或其他感光材料上的过程。

●打样 (proofing)：从拼组的图文信息复制出校样。

●预涂感光平版 (presensitized plate)：预先涂覆感光层的，可随时进行晒版的平印版，简称"PS"版。

●印后加工 (post-press finishing)：使印刷品获得所要求的形状和使用性能的生产工序，例如装订。

●双面印 (perfect printing)：用两块不同的印版在同一承印物上同时完成正面和反面的印刷。

附录 B　全纸基本尺寸开数表

一、纸料常用开本对照表

1. A 度纸（见附表 B-1，印刷成品、复印纸和打印纸的尺寸）

附表 B-1　A 度纸

纸度	英寸 /inches	毫米 /mm
4A	$66^{1/4} \times 93^{3/5}$	1682×2378
2A	$46^{3/4} \times 66^{1/4}$	1189×1682
A0	$33^{1/8} \times 46^{3/4}$	841×1189
A1	$23^{3/8} \times 33^{1/8}$	594×841
A2	$16^{1/2} \times 23^{3/8}$	420×594
A3	$11^{3/4} \times 16^{1/2}$	297×420
A4	$8^{1/4} \times 11^{3/4}$	210×297
A5	$5^{7/8} \times 8^{1/4}$	148×210
A6	$4^{1/8} \times 5^{7/8}$	105×148
A7	$2^{7/8} \times 4^{1/8}$	74×105
A8	$2 \times 2^{7/8}$	52×74
A9	$1^{1/2} \times 2$	37×52
A10	$1 \times 1^{1/2}$	26×37

2. RA 度纸（见附表 B-2，一般印刷用纸，裁边后，可得 A 度印刷成品尺寸）

附表 B-2　RA 度纸

纸度	英寸 /inches	毫米 /mm
RA0	$33^{7/8} \times 48$	860×1220
RA1	$24 \times 33^{7/8}$	610×860
RA2	$16^{7/8} \times 24$	430×610

3. SRA 度纸（见附表 B-3，用于出血印刷品的纸，其特点是幅面较宽）

附表 B-3　SRA 度纸

纸度	英寸 /inches	毫米 /mm
SRA0	$35^{2/5} \times 50^{2/5}$	900×1280
SRA1	$25^{1/5} \times 35^{2/5}$	640×900
SRA2	$17^{7/10} \times 24$	450×610

4. B 度纸（见附表 B-4，介于 A 度之间的纸，多用于较大成品尺寸的印刷品，如挂图、海报等）

附表 B-4　B 度纸

纸度	英寸 /inches	毫米 /mm
4B	$78^{3/4} \times 111^{3/8}$	2000×2828
2B	$55^{5/8} \times 78^{3/4}$	1414×200
B0	$39^{3/8} \times 55^{5/8}$	1000×1414
B1	$27^{7/8} \times 39^{3/8}$	707×1000
B2	$19^{5/8} \times 27^{7/8}$	500×707
B3	$13^{7/8} \times 19^{5/8}$	353×500
B4	$9^{7/8} \times 13^{7/8}$	250×353
B5	$7 \times 9^{7/8}$	176×250

5. C 度纸（见附表 B-5，用于封装 A 度文件的信封、档案盒、档案夹）

附表 B-5　C 度纸

纸度	英寸 /inches	毫米 /mm
C0	$36^{1/8} \times 51$	917×1297
C1	$25^{1/2} \times 36^{1/8}$	648×917
C2	$18 \times 25^{1/2}$	458×648
C3	$12^{3/4} \times 18$	324×458
C4	$9 \times 12^{3/4}$	229×324
C5	$6^{3/8} \times 9$	162×229
C6	$4^{1/2} \times 6^{3/8}$	114×162
C7/6	$3^{1/4} \times 6^{3/8}$	81×162
C7	$3^{1/4} \times 4^{1/2}$	81×114
DL	$4^{3/8} \times 8^{5/8}$	110×220

二、纸品设计常用制作尺寸对照表

① 正度纸张：

787×1092 mm，开数（正度），尺寸，单位（mm）。

全开 781×1086

2 开 530×760

3 开 362×781

4 开 390×543

6 开 362×390

8 开 271×390

16 开 195×271

注：成品尺寸=纸张尺寸−修边尺寸

② 大度纸张：

850×1168 mm，开数 (正度)，尺寸，单位（mm）。

全开 844×1162

2 开 581×844

3 开 387×844

4 开 422×581

6 开 387×422

8 开 290×422

注：成品尺寸=纸张尺寸−修边尺寸

16 开大度 210×285

　　　正度 185×260

8 开大度 285×420

　　　正度 260×370

4 开大度 420×570

　　　正度 370×540

2 开大度 570×840

　　　正度 540×740

全开大度 889×1194

　　　正度 787×1092

③ 常见开本尺寸：

787×1092 mm，开数，尺寸，单位（mm）。

对开 736×520

4 开 520×368

8 开 368×260

16 开 260×184

32 开 184×130

④ 大度开本尺寸：

850×1168 mm，开数，尺寸，单位（mm）。

对开 570×840

4 开 420×570

8 开 285×420

16 开 210×285

32 开 203×140

三、常见纸品设计种类开本尺寸对照表

① 名片：

横版 90×55 mm（方角）85×54 mm（圆角）

竖版 50×90 mm（方角）54×85 mm（圆角）

方版 90×90 mm 90×95 mm

② IC 卡：

85×54 mm

③ 三折页广告：

标准尺寸 (A4) 210 mm×285 mm

④ 普通宣传册：

标准尺寸 (A4) 210 mm×285 mm

⑤ 文件封套：

标准尺寸 220 mm×305 mm

⑥ 招贴画：

标准尺寸 540 mm×380 mm

⑦ 挂旗：

标准尺寸 8 开 376 mm×265 mm

4 开 540 mm×380 mm

⑧ 手提袋：

标准尺寸 400 mm×285 mm×80 mm

⑨ 信纸、便条：

标准尺寸 185 mm×260 mm，210 mm×285 mm

附录 C　纸张特殊的开本方法

纸张特殊的开本方法见附图 C-1 至附图 C-3。

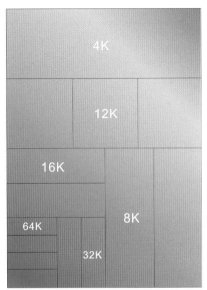

开数	尺寸 /mm
整开	1092×787
对开	787×546
4开	546×393
8开	393×273
16开	273×196
32开	196×136
64开	136×98

附图 C-1　纸张特殊的开本方法（一）

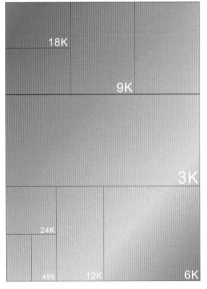

开数	尺寸 /mm
整开	1092×787
3开	787×364
6开	393×364
9开	364×262
12开	364×196
18开	262×182
24开	196×182
48开	182×98

附图 C-2　纸张特殊的开本方法（二）

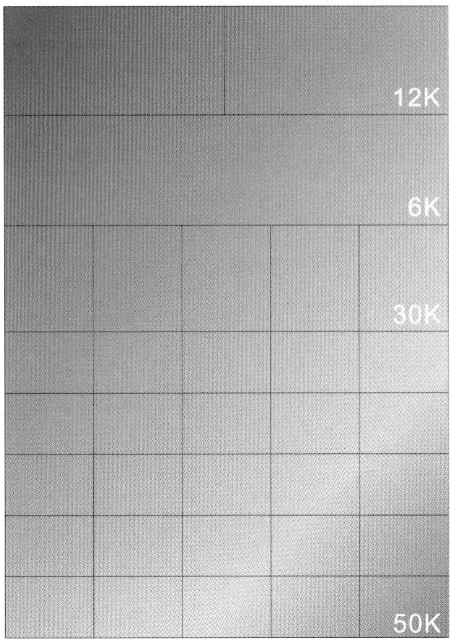

开数	尺寸 /mm
整开	1092×787
6开	787×182
12开	393×182
30开	182×157
50开	157×109

附图 C-3　纸张特殊的开本方法（三）

附录 D　常用纸料厚度对照表

常用纸料厚度对照表见附表 D-1 至附表 D-9。

附表 D-1　单面胶版纸厚度对照表

类　别	纸 张 名 称	单张厚度/mm
单面胶版纸	40g/m² 1 号单胶纸	0.073
	50g/m² 1 号单胶纸	0.091
	60g/m² 1 号单胶纸	0.109
	70g/m² 1 号单胶纸	0.127
	80g/m² 1 号单胶纸	0.146
	40g/m² 2 号单胶纸	0.080
	50g/m² 2 号单胶纸	0.100
	60g/m² 2 号单胶纸	0.120
	70g/m² 2 号单胶纸	0.140
	80g/m² 2 号单胶纸	0.160

附表 D-2　招贴纸厚度对照表

类　别	纸 张 名 称	单张厚度/mm
招贴纸	50g/m² 1 号招贴纸	0.091
	60g/m² 1 号招贴纸	0.109
	80g/m² 1 号招贴纸	0.145
	50g/m² 2 号招贴纸	0.100
	60g/m² 2 号招贴纸	0.120
	80g/m² 2 号招贴纸	0.160

附表 D-3　白卡纸厚度对照表

类　别	纸 张 名 称	单张厚度/mm
白卡纸	200g/m² 1 号白卡纸	0.250
	230g/m² 1 号白卡纸	0.288
	250g/m² 1 号白卡纸	0.313
	200g/m² 2 号白卡纸	0.267
	230g/m² 2 号白卡纸	0.307
	250g/m² 2 号白卡纸	0.333
	200g/m² 特号白卡纸	0.235
	230g/m² 特号白卡纸	0.271
	250g/m² 特号白卡纸	0.294

附表 D-4　超级压光胶版纸厚度对照表

类　别	纸 张 名 称	单张厚度/mm
超级压光胶版纸	50g/m² 1 号胶版纸	0.063
	60g/m² 1 号胶版纸	0.075
	70g/m² 1 号胶版纸	0.088
	80g/m² 1 号胶版纸	0.100
	90g/m² 1 号胶版纸	0.113
	120g/m² 1 号胶版纸	0.150
	150g/m² 1 号胶版纸	0.188
	180g/m² 1 号胶版纸	0.225
	50g/m² 2 号胶版纸	0.063
	60g/m² 2 号胶版纸	0.075
	70g/m² 2 号胶版纸	0.088
	80g/m² 2 号胶版纸	0.100
	90g/m² 2 号胶版纸	0.113
	120g/m² 2 号胶版纸	0.150
	150g/m² 2 号胶版纸	0.188
	180g/m² 2 号胶版纸	0.225

附表 D-5　超级压光凸版纸厚度对照表

类　别	纸 张 名 称	单张厚度/mm
超级压光凸版纸	52g/m² 1 号凸版纸	0.065
	60g/m² 1 号凸版纸	0.075
	52g/m² 1 号凸版纸	0.080
	60g/m² 1 号凸版纸	0.092
	52g/m² 2 号凸版纸	0.087
	50g/m² 特号胶版纸	0.063
	60g/m² 特号胶版纸	0.075
	70g/m² 特号胶版纸	0.088
	80g/m² 特号胶版纸	0.100
	90g/m² 特号胶版纸	0.113
	120g/m² 特号胶版纸	0.150
	150g/m² 特号胶版纸	0.188
	180g/m² 特号胶版纸	0.225

附表 D-6　画版印刷纸厚度对照表

类　别	纸 张 名 称	单张厚度/mm
画报印刷纸	70g/m² 画报纸	0.093
	80g/m² 画报纸	0.107
	90g/m² 画报纸	0.120
	100g/m² 画报纸	0.133
	120g/m² 画报纸	0.160
	140g/m² 画报纸	0.187
	150g/m² 画报纸	0.200
	180g/m² 画报纸	0.240

附表 D-7　普通压光胶版纸厚度对照表

类　别	纸 张 名 称	单张厚度/mm
普通压光胶版纸	50g/m² 特号胶版纸	0.071
	60g/m² 特号胶版纸	0.086
	70g/m² 特号胶版纸	0.100
	80g/m² 特号胶版纸	0.114
	90g/m² 特号胶版纸	0.129
	1200g/m² 特号胶版纸	0.171
	150g/m² 特号胶版纸	0.214
	180g/m² 特号胶版纸	0.257
	50g/m² 1 号胶版纸	0.071
	60g/m² 1 号胶版纸	0.086
	70g/m² 2 号胶版纸	0.100
	80g/m² 2 号胶版纸	0.129
	120g/m² 2 号胶版纸	0.171
	150g/m² 2 号胶版纸	0.214
	180g/m² 2 号胶版纸	0.257

附表 D-8　铜版纸(胶版涂料纸)厚度对照表

类　别	纸 张 名 称	单张厚度/mm
铜版纸(胶版涂料纸)	90g/m²(单双面胶) 特号铜版纸	0.072
	100g/m²(单双面胶) 特号铜版纸	0.080
	120g/m²(单双面胶) 特号铜版纸	0.096
	150g/m²(单双面胶) 特号铜版纸	0.120
	180g/m²(单双面胶) 特号铜版纸	0.144
	250g/m²(单双面胶) 特号铜版纸	0.200
	90g/m²(单双面胶)1 号铜版纸	0.069
	100g/m²(单双面胶)1 号铜版纸	0.077
	120g/m²(单双面胶)1 号铜版纸	0.092
	150g/m²(单双面胶)1 号铜版纸	0.115
	180g/m²(单双面胶)1 号铜版纸	0.138
	250g/m²(单双面胶)1 号铜版纸	0.192
	90g/m²(单双面胶)2 号铜版纸	0.067
	100g/m²(单双面胶)2 号铜版纸	0.074
	120g/m²(单双面胶)2 号铜版纸	0.089
	150g/m²(单双面胶)2 号铜版纸	0.111

附表 D-9　铜版纸(凸版涂料纸)厚度对照表

类　别	纸 张 名 称	单张厚度/mm
铜版纸(凸版涂料纸)	90g/m²(单双面胶) 特号铜版纸	0.075
	100g/m²(单双面胶) 特号铜版纸	0.083
	120g/m²(单双面胶) 特号铜版纸	0.100
	150g/m²(单双面胶) 特号铜版纸	0.125
	180g/m²(单双面胶) 特号铜版纸	0.150
	250g/m²(单双面胶) 特号铜版纸	0.208
	90g/m²(单双面胶)1 号铜版纸	0.074
	100g/m²(单双面胶)1 号铜版纸	0.082
	120g/m²(单双面胶)1 号铜版纸	0.098
	150g/m²(单双面胶)1 号铜版纸	0.123
	180g/m²(单双面胶)1 号铜版纸	0.148
	250g/m²(单双面胶)1 号铜版纸	0.205
	90g/m²(单双面胶)2 号铜版纸	0.072
	100g/m²(单双面胶)2 号铜版纸	0.080
	120g/m²(单双面胶)2 号铜版纸	0.096
	150g/m²(单双面胶)2 号铜版纸	0.120